NHK BOOKS
1230

江戸日本の転換点
水田の激増は何をもたらしたか

takei koichi
武井弘一

NHK出版

目次

第五章　持続困難だった農業生産　181

校閲　大川真由美

序章

江戸日本の持続可能性

日本の原風景

風流の初《はじめ》やおくの田植《たうゑ》うた*1

元禄《げんろく》二年(一六八九)三月下旬、江戸深川《ふかがわ》(現東京都江東区)から東北へ向けて旅立つ人がいた。俳人の芭蕉《ばしょう》(松尾芭蕉)(一六四四―九四)である。出発して約一カ月後の四月下旬、彼は須賀川《すかがわ》(現福島県須賀川市)に滞在して、知人との交流を深めた。

須賀川を訪れたということは、その少し前に白河《しらかわ》の関を越えて、ようやく目的地の東北に足を踏み入れたことになる。本書で記す歳月は旧暦なので、今の暦と比べて一カ月ほど遅れていると

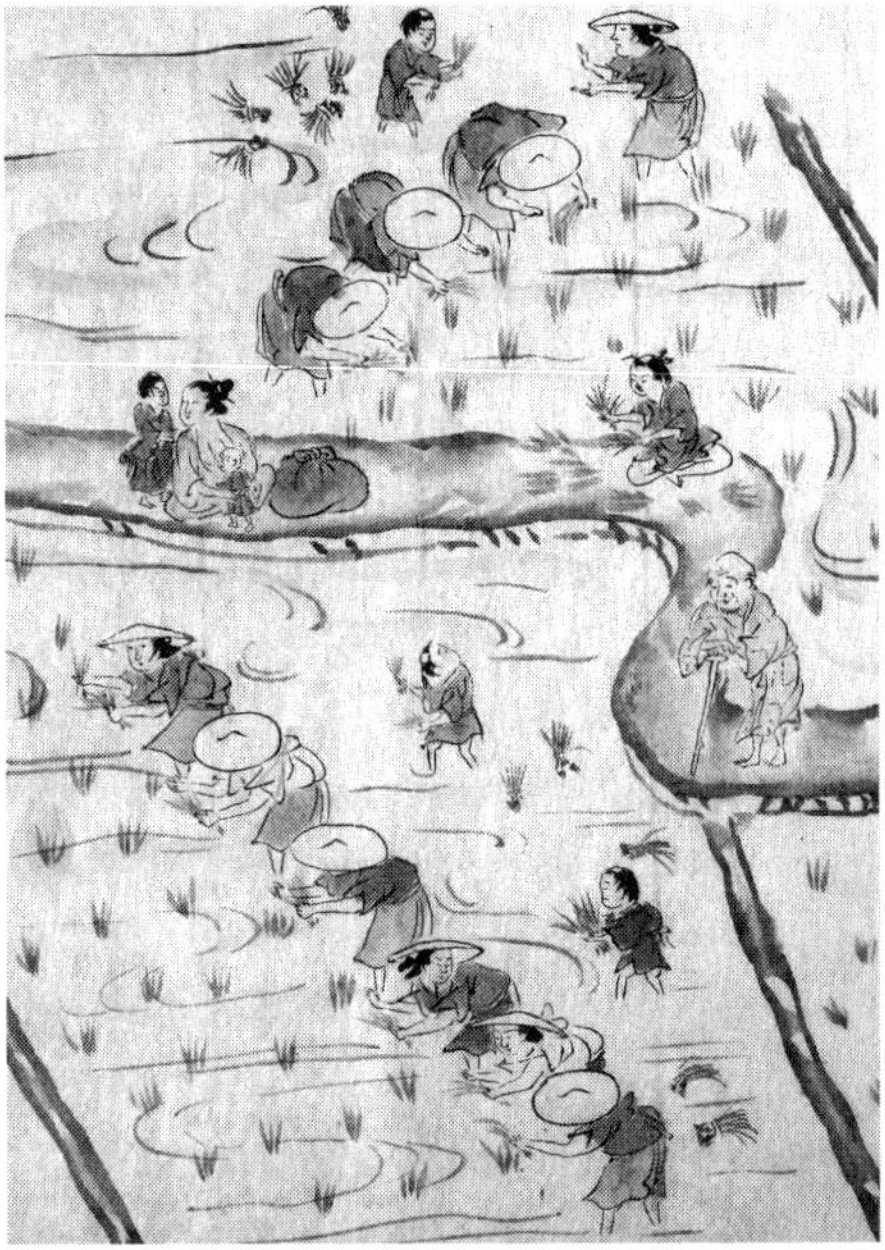

図序-1　田植え
西尾市岩瀬文庫所蔵『耕稼春秋』より

みなしてほしい。四月下旬は初夏にあたり、ちょうど田植えのシーズンだった。芭蕉は、武士や豪商らが生み出した雅《みやび》やかな文芸作品ではなく、むしろ村人たちの鄙《ひな》びた田植え唄《うた》に、風流さを見出した。図序－1のようなシーンのなかを、彼は旅したのかもしれない。

田植えが終わると、苗は育ち、日本各地の田んぼを緑一色に包み込む。畦道《あぜみち》からはカエルが水面に飛び込み、どこからともなく鳴き声も聞こえてこよう。整然と並ぶ稲と稲との間に、足を休めるように立つシラサギの白さも、田んぼの美しさを引き立てる。「瑞穂《みずほ》の国」という美称があるように、稲穂に満ちた水田は、よく日本の原風景といわれる。遠く離れた異郷で暮らす現代の私たちのなかにも、古里の田園風景を懐かしむ方がいるかもしれない。

たしかに、水田の歴史は長い。日本列島における水田での米づくりは、およそ二千五百年前に、朝鮮半島に近い九州北部で始まったとみられている。水田跡の代表的な遺跡としては、菜畑《なばたけ》遺跡（現佐賀県唐津市）などの名が、よく知られていよう。近年では、その開始年代が五百年も遡《さかのぼ》るという調査結果も得られている。*2 弥生《やよい》時代には田植えも始まり、用水路・排水路を備えた本格的な水田も現れた。

しかし、この時点で今日《こんにち》のような、見渡す限りの水田という風景が広がったわけではない。そこに至るまでには、それから一千年以上もの時間が必要だった。

江戸時代＝エコ時代なのか

芭蕉が生きたのは江戸時代である。江戸時代とは、慶長《けいちょう》八年（一六〇三）に初代将軍・徳川《とくがわ》家康《いえやす》（一五四二―一六一六）が江戸に幕府を開いてから、慶応《けいおう》三年（一八六七）に最後の十五代将軍・慶喜《よしのぶ》（一八三七―一九一三）が政権を朝廷に返す大政奉還《たいせいほうかん》までの、約二百六十年間をさす。

少し視点を変えてみて、今日、この時代がどのように評価されているのかに注目してみたい。

環境省が作成した『環境・循環型社会白書』（平成20年版）には、江戸時代の特色について、次のように記述されている。

江戸期の社会は、地域での活動を中心とした循環型の社会であったと考えられ、また、現代に比べより低炭素型の社会活動を営み、自然共生の面でもより深い経験を伴った生活を送っていたものと考えられます。持続可能な社会は、低炭素社会、自然共生社会、そして循環型社会の構築に向けた統合的な推進の上に成り立つとの考えからも、この時期の取組は示唆に富むものです。[*3]

地球的規模でみれば、私たちは現在、地球温暖化・生物多様性の減少・資源の枯渇・水不足など、山積する問題に取り組んでいかなければならない。限りある地球の資源を守りながら使っていくために、持続可能な社会を構築することが、現代社会にとって喫緊《きっきん》の課題となっている。その観点にたつと、持続可能な社会のモデルとして、概して江戸時代の評判はよい。

具体例をあげてみよう。大都市江戸の住民が排泄《はいせつ》した屎尿《しにょう》を集めに、周辺から百姓がやってくる。屎尿は都市から農村へ運ばれて田畠《たはた》の肥料となる。こうして育った穀物や野菜が都市へ運ばれて、江戸の住民の食卓にのぼる。それらが、ふたたび排泄物となって農作物の肥やしと化す。こうして、肥料と農作物とがリサイクル（再生使用）されているというわけだ。ほかにも、江戸の住民が、いらなくなった古着・紙屑などをリユース（再使用）し、またリサイクルもしていたこと、屎尿やゴミ処理が進んでいたために都市が清潔であったことなど、「エコ」とみなされる事例は枚挙にいとまがない。

江戸時代＝《イコール》エコ時代という見解は一般に流布しているが、[*4]学問的にはどのように評価されているのだろう。意外かもしれないが、このテーマに真正面から論及した研究は少ない。数例あげてみよう。経済史研究者の鬼頭宏は、江戸時代には基本的にエネルギーと資源のほとんどが国内で調達され、完璧《かんぺき》といってよいほどのリサイクルもおこなわれていたとして、日本を「環境先進国」とよんで高く評価する。[*5] 図序-1に描かれた村人たちも、ヒトと自然とが調和した、「エコ」とよぶにふさわしい生活をしているように見えないわけではない。

一方、江戸都市史を専門とする岩淵令治によれば、そもそも熟成が不十分なまま屎尿を流通させてしまえば、寄生虫までもが都市と農村との間を行き来してしまうので衛生的ではないし、そういう流通システムが公的に整備されたわけでもない。むしろ、ゴミの場合は処理システムが整備されたにもかかわらず、実際には不法投棄があとを絶たなかった。岩淵は、江戸時代の都市=〝リサイクル都市〟〝清潔都市〟というイメージが定着している現状に警鐘を鳴らす。[*6]

都市のゴミ問題が端的に表しているように、江戸時代を「環境先進国」とみなすことには無理がある。リサイクル・リユースされていたモノがあったことは事実だが、都市のみにスポットライトをあてるだけでよいのかという疑問が生じてしまう。歴史学という立場から江戸時代=エコ時代というステレオタイプの見方について考えるためには、これまでとは違った、江戸時代を理解するうえでもっとも重要なポイントを検証して論じなければならない。

それが何かといえば、当時の社会において〝生産〟の中心の場であった水田なのである。

江戸時代と水田

どのような意味で、水田が生産の中心なのか。それは、水田が、江戸時代の社会を根底でささえた、米という作物が生産される場だったということである。水田は社会をささえ、米の増産はそのまま社会の成長につながる可能性をもった。

将軍や大名などの領主は、百姓が年貢として納める米を主たる財源としていた。もし米が増産されれば、それだけ収入も増える。家臣の給与も米を基準として支払われ、売却された米は都市などに流通して消費された。大量生産・大量消費された米が、これだけ社会全体をささえた時代は、江戸時代のほかにはない。世界中をみても、このような社会は非常に珍しい。だからこそ、米を生産する水田に注目することは、江戸時代だけではなく、日本そのものを理解するためにも重要なのである。

図序-2には明治初期までの耕地面積と人口の推移が示されている。これは推計にすぎず、平安中期や室町中期の耕地面積には畠《はたけ》が含まれていないなどの問題点もあるので、[*7]あくまで参考のひとつとして見てほしい。長い間、水田は、安定して水を得やすい谷間や山麓《さんろく》などに、小さなまとまりで作られていた。しかし、戦国の争乱が終焉《しゅうえん》し、国内で平和な時代が続く十七世紀に入ると、人びとのエネルギーは大地を切り拓《ひら》くことに注がれるようになった。新田開発《しんでんかいはつ》である。その結果、河川の上流から下流へ向かって開発が進み、沖積《ちゅうせき》平野とよばれる下流の平坦部にまで大規

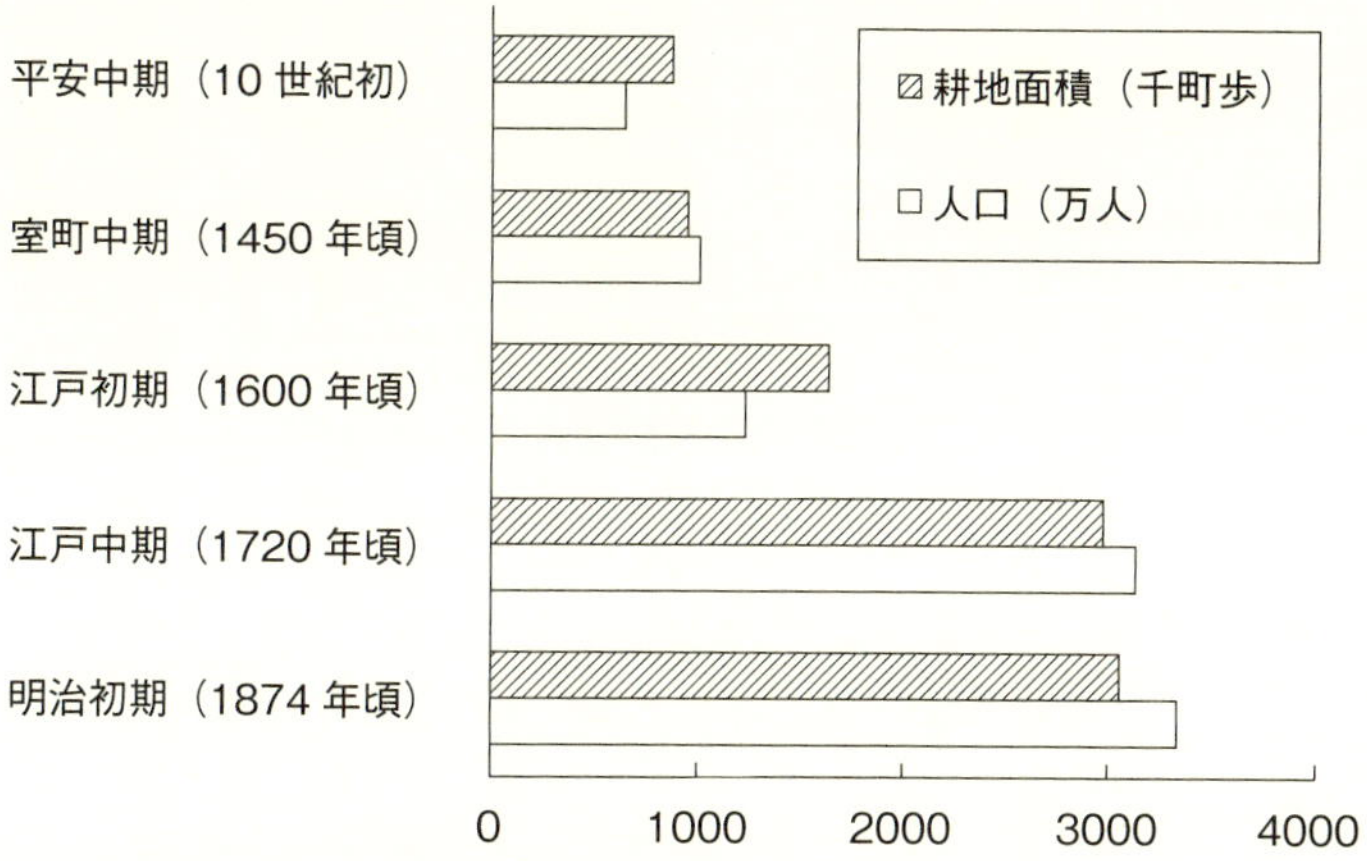

図序−2　明治初期までの耕地面積・人口の推移（推計）
大石慎三郎『江戸時代』（中公新書、1977年）・鬼頭宏『〔図説〕人口で見る日本史』（PHP研究所、2007年）により作成

模な水田が造成されていった。これは、日本列島の大改造といえる。

この大改造が耕地面積をほぼ倍増させたことによって、日本列島の歴史上、初めて一面に水田の広がる光景が出現したのだ。芭蕉が東北へ向けて旅立ち、田植え唄の句を詠んだのも、実はこの新田開発の時代のことだった。新田には、それまでわずかな耕地しか持っていなかった者、あるいは分家した次男・三男などが入植《にゅうしょく》して自立していった。こうして十七世紀には人口も倍増するなど、米は社会が経済成長を成し遂げる一因となったのである。

本書のテーマ

江戸時代の研究において、新田開発や米は、これまで重要なテーマとして分析が進んできた。それは、この時代の農政が「稲作第一主義」だったと評されてきたことに象徴されよう。[*8]ところが、従来の研究では、全国各地の新田開発の実態が詳細かつ広範囲にわたって明らかにされてきたものの、その半面、生態系も含めた自然に水田がどのような影響を与えたのかについては、ほとんど注目されてこなかった。生態学者の守山弘は、江戸時代の水田が保持していた生物多様性を現在でも復元できれば、「持続的な生産活動」が可能になるのではないかと指摘する。[*9]歴史学の立場から、この提言を真摯《しんし》に受けとめて、江戸時代の水田が果たした歴史的な役割について検証すべきではないか。

図序－2を振り返ってみよう。十七世紀にこれほど急激に新田開発が進んだとすれば、それだけ自然に、また社会にも大きな負荷をかけた可能性が高い。江戸時代の研究者・水本邦彦は、新田開発にともない、山々が人工的に草を茂らせた草山《くさやま》に造成されたことを論じた。[*10]それについて詳しくは後述するが、この草山への改造は、新田開発が自然や社会にかけた負荷の顕著な例といえよう。

さらに、同図によれば、江戸中期から明治初期にかけて一世紀半も経《た》っているにもかかわらず、耕地面積も人口も微増しているにすぎない。十八世紀前半に、新田開発による社会の発展は終わりを迎えたようにみえる。新田開発において、十七世紀を「開発期」とすれば、十八世紀前半以降は「停滞期」となろう。はたして、ここにはどのような転換があったというのか。

すなわち、本書のテーマは、新田開発という〝列島大改造〟の時期をつぶさにみていくことで、「エコ」で循環型にみえる江戸時代の農業生産の実態と、水田にささえられた社会の深層で生じていた変化を明らかにすることである。そこでのキーワードは「持続可能性」であり、これに注目することで、これまでとは違った視点から、江戸時代の日本社会に光をあてることができるのではないかと考えている。

十九世紀の政治や国際情勢をふまえれば、江戸時代の支配体制を維持できなかったことはいうまでもない。ここで問いたいのは、社会をささえた水田での農業生産の持続可能性である。この時代の社会は地域での活動を中心としており、国内のしくみは、そのうえに成り立っていた。水田を営む百姓にとって、地域とは村社会のことをさす。この村社会で水田による農業生産は持続可能なものとして営まれていたのか、いいかえれば、毎年田んぼを耕してさえいれば百姓は気楽に暮らしていけたのか、これが本書の問題意識なのである。

本書の主人公

これから本書には、江戸時代の社会を生きた老農たちが登場する。老農とは、経験を積んだ農夫のことをさす。とりわけ農業の研究や奨励に熱心な人を篤農家《とくのうか》とよぶ。本書の主人公は、加賀藩の篤農家・土屋又三郎《つちやまたさぶろう》（一六四二？－一七一九）その人である。

彼は、新田開発の時代に、加賀《かが》国石川郡（現石川県）、今日でいう加賀平野の農村で暮らしていた。経歴については第一章で述べるが、ここでもかいつまんで説明したい。加賀藩では、武士が直接、農村を支配するのではなく、百姓の有力者に十カ村から数十カ村の管理を委《ゆだ》ねていた。その役職を十村《とむら》という。又三郎は、寛文《かんぶん》四年（一六六四）から三十年間、十村として、おもに農業面を指導した。

彼は、青年時代から要職につき多忙な日々を過ごし、それでいて農業の研究・奨励に熱心であった。ところが、ある理由から元禄七年（一六九四）に農政の第一線から退《しりぞ》いた。隠居した又三郎は、そこから一念発起して著述に専念する。こうして、没するまでの二十数年間に、『耕稼《こうか》春秋《しゅんじゅう》』などの、後世に名を残す農書《のうしょ》を執筆した。

農書とは、農業技術などを中心に書かれた書物のことをさす。多くは江戸時代に著《あらわ》され、とくに十七世紀末以降は全国各地で、その土地の事情に応じた農書が出現した。通常であれば、農書からは農業技術や農業生産のあり方を明らかにしていくのが研究の常道といえよう。しかし、農書には、当時を生きた老農たちの自然観・社会観が著述されていることもある。

本書では、新田開発の時代の生き証人ともいえる又三郎が自然や社会をどうとらえていたのかについて、『耕稼春秋』から、彼の声を丹念《たんねん》に拾っていきたい。そうすることによって、十七世紀という開発期の実像が、よりリアルに伝わると考えるからだ。ただし、『耕稼春秋』からは、停滞期に突入した十八世紀前半の様相すべてを理解することはできない。そこで、この時期については、村社会出身で、晩年には幕府の役人に登用された田中丘隅《たなかきゅうぐ》（休愚）（一六六二—一七二九）にも登場してもらう。

まずは、『耕稼春秋』で何が語られているのか。これからしばらくのあいだ、図序－1の百姓たちを眺めるような角度から、三百年前の江戸日本を俯瞰《ふかん》してみよう。

註

＊1 『芭蕉　おくのほそ道』（岩波文庫、一九七九年）二三頁。
＊2 藤尾慎一郎『〈新〉弥生時代』（吉川弘文館、二〇一一年）。
＊3 環境省編『平成20年版　環境・循環型社会白書』（日経印刷、二〇〇八年）五五頁。
＊4 石川英輔『大江戸リサイクル事情』（講談社文庫、一九九七年）・同著『江戸時代はエコ時代』（講談社文庫、二〇〇八年）などは、江戸時代＝エコ時代というイメージを広めた代表作といえよう。
＊5 鬼頭宏『環境先進国・江戸』（ＰＨＰ新書、二〇〇二年）。
＊6 岩淵令治「近世の都市問題」（『歴史と地理』第五百六十号、二〇〇二年）・同著「江戸のゴミ処理再考」（『国立歴史民俗博物館研究報告』第百十八集、二〇〇四年）など。
＊7 木村茂光『ハタケと日本人』（中公新書、一九九六年）。
＊8 稲作を中心にした江戸前期の農政史については、中村吉治『近世初期農政史研究』（岩波書店、一九三八年）、安良城盛昭「近世初期における農民支配政策の展開」（古島敏雄編『日本地主制史研究』、岩波書店、一九五八年）、古島敏雄『古島敏雄著作集第6巻　日本農業技術史』（東京大学出版会、一九七五年）、三橋時雄『日本農業経営史の研究』（ミネルヴァ書房、一九七九年）などをはじめとした膨大な研究蓄積がある。新田開発については、斎藤洋一「新田開発と技術」（村上直編『日本近世史研究事典』、東京堂出版、一九八九年）において、一九八〇年代までの研究史が整理されている。それ以降の研究蓄積は多いものの、研究の到達点としては木村礎『近世の新田村』（吉川弘文館、一九六四年）があげられよう。
＊9 守山弘『水田を守るとはどういうことか』（農山漁村文化協会、一九九七年）。
＊10 水本邦彦『草山の語る近世』（山川出版社、二〇〇三年）・同著『全集日本の歴史　第10巻　徳川の国家デザイン』（小学館、二〇〇八年）・同著『徳川社会論の視座』（敬文舎、二〇一三年）など。

第一章

コメを中心とした社会のしくみ

一　篤農家と農書

平和を謳歌する世代

第一章では、江戸時代の社会のしくみに注目する。新田開発が進んだ十七世紀には、米の収量が増えたことによって、世界にも稀《まれ》な、コメを中心とした社会が誕生した。それはどのように成り立っていたのか。又三郎が暮らしていた加賀藩に即しながら明らかにしていこう。

伝に曰く、その父はたがや（耕）せるも、その子はあえて播（は）せず、予、丁役に就きて以来、深く此

の言に激するあり*1

父が農耕に励みながらも、その子はあえて働こうとはしない。そんな言い伝えがある。私は丁《てい》役《えき》（労役）に服してから、この言葉に深く心を打たれて励んできた、と。

ここでいう「私」とは、本書の主人公・土屋又三郎である。彼の出生については詳《つまび》らかではない。享保《きょうほう》四年（一七一九）に病死した時、「年八七十八歳か」といわれているので、*2そこから数え年で逆算すれば、寛永《かんえい》十九年（一六四二）前後に生まれたことになる。江戸幕府でいえば三代将軍・徳川家光《いえみつ》（一六〇四―五一）の治世下で、幕政が確立していく時期にあたる。仮に寛永十九年に生まれたとすれば、その三年前にはポルトガル船の来航が禁じられ、前年にはオランダ東インド会社の支店であるオランダ商館が長崎の出島《でじま》（現長崎県長崎市）へ移されるなど、対外関係でみれば、いわゆる「鎖国」の状態が始まりつつあった。

五年前に起こった天草《あまくさ》・島原一揆《しまばらいっき》、いわゆる島原の乱の与えたインパクトも忘れてはならない。益田《ますだ》（天草四郎《しろう》）時貞《ときさだ》（一六二二？―三八）をリーダーに原城《はらじょう》跡（現長崎県南島原市）に立て籠《こ》もった一揆勢は三万人余りだったが、幕府は十万人以上もの軍を動員して、翌年にようやく鎮圧した。これ以降、国内では幕末まで二世紀以上も、戦争が起こっていない。世にいう徳川の平和（パクス・トクガワーナ）である。

つまり、又三郎は、戦国の余風が弱まりつつあるなか、平和を謳歌《おうか》していた世代の人間であったといえよう。

土屋又三郎と『耕稼春秋』

又三郎の由緒をたどってみたい。土屋家は、もともと先祖は相模国《さがみ》(現神奈川県)の住人であったが、文明《ぶんめい》八年(一四七六)頃に加賀国に移ってきた。*3 金沢(現石川県金沢市)近郊の御供田《ごくでん》村に居を構えて農業を営み、又三郎の祖父の代からは十村職にもつき、農政に力を尽くしてきた。父・勘四郎《かんしろう》も、その功績を藩から認められ、承応《じょうおう》二年(一六五三)に田二町八十二歩(約二ヘクタール)と鑓《やり》一本を拝領している。*4 領主からの下賜品を得ることは百姓にとって名誉であり、家名をも高めた。

寛文四年(一六六四)、二十歳余りの時、突然、又三郎は親の跡を継ぐことになった。父が横死《おうし》したからだ。金沢の香林坊《こうりんぼう》橋あたりで何者かに暗殺されたという。図1－1が香林坊橋だが、金沢城のすぐ麓《ふもと》で父は殺されたわけである。殺害の動機はわからない。通路には木戸が設けられ、番人が監視していた。しかし、その日は夜だったので、木戸が閉まって人影も少なく、目撃者もいなかったのか。藩のために農政で貢献しようと働きすぎたがゆえに、かえって百姓の恨《うら》みを買ったのが原因という説もある。

父の遺跡《ゆいせき》を継いだ又三郎は、農業経験を積み重ねながら、十村として農政もリードした。「そ

図1-1　香林坊橋
西尾市岩瀬文庫所蔵『耕稼春秋』より

の父はたがや《耕》せるも、その子はあえて播《は》せず」をモットーに励んだのだろう。それだけではない。仕事のかたわら、農作業について詳しく調べ、その成果を百姓にもわかりやすく納得してもらえるように著述した。この著作を『耕稼春秋』という。

　しかし、五十歳を過ぎた頃、波瀾《はらん》が待っていた。十村職を務めてちょうど三十年がたった元禄七年（一六九四）に、改作奉行《かいさくぶぎょう》の園田左十郎が何かの罪に問われた。改作奉行とは加賀藩独自の役職で、農政担当の役人のことをさす。又三郎も、その事件の何らかの嫌疑を受けたからか、入牢《にゅうろう》することになった。一年ほどして赦免《しゃめん》されたものの、土屋家の家職ともいえる十村職を解任されてしまった。百姓に格下げされて心が枯れてしまったのか、ほどなく俗世間から逃れて隠居してしまう。このことを十村の上司にあたる、藩の財務を担当する算用場《さんようば》奉行へ届け出なかったことから、その罪で百日ほどの謹慎《きんしん》も命じられた。執筆が中断されていた『耕稼春秋』は、あやうく日の目をみぬまま埋《うず》もれてしまうところだった。

今や衰老もっとも甚し、先考の情を思慕してとどむあたわず、頃日たまたま彼の草稿をみる《(見)》、すこぶる先考に畎畝《(けんぽ)》の中に事《(つか)》うるの思いあり*5

今や老衰がもっとも甚だしく、先考（亡き父）への敬慕をとどめることができない。先日、あの草稿を見た時、父に農耕で仕えているような気持ちになった、と。再起した又三郎は、ふたたび『耕稼春秋』を編むことにし、宝永《ほうえい》四年（一七〇七）に擱筆《かくひつ》した。

なぜ加賀平野に着目するのか

又三郎が暮らした舞台についても説明しておこう。

加賀国といえば、戦国の世では「百姓ノ持《もち》タル国」と評されたように、本願寺《ほんがんじ》門徒が実質的に支配していた。ところが、天正《てんしょう》八年（一五八〇）、天下統一をめざす織田信長《おだのぶなが》（一五三四－八二）方の軍の攻撃によって制圧され、信長の家臣の佐久間盛政《さくまもりまさ》（一五五四－八三）が金沢に城を築いた。本能寺《ほんのうじ》の変で信長が死去した翌年の天正十一年（一五八三）に、賤ヶ岳《しずがたけ》の合戦で柴田《しばた》勝家《かついえ》（一五二二－八三）は羽柴《はしば》（豊臣《とよとみ》）秀吉《ひでよし》（一五三七－九八）に敗れた。この時、盛政は勝家に属したため、捕らえられて斬首されてしまう。

かわって金沢城に入ったのが前田利家《まえだとしいえ》（一五三八―九九）である。秀吉が北陸制圧に功績のあった彼に与えたのだ。これ以降、明治維新まで金沢城は前田家の居城となった。築城されたのは小立野《こだつの》台地で、観光名所の兼六園《けんろくえん》があるのは城の南東側だ。おおまかにみて城の東側に浅野川、西側に犀《さい》川が流れている。浅野川と犀川との間に城下町が広がり、その合間をぬうように辰巳《たつみ》用水・鞍月《くらつき》用水・大野庄《おおのしょう》用水などの用水が引かれた。図1－1で流れているのは鞍月用水で、金沢の防衛・防火の役割も果たした。

城下町には、家臣団や町人などが居住した。図1－1の一帯は香林坊とよばれる町人地で、当時も、そして今も金沢の繁華街である。寺社地も点在していた。たとえば、図1－1の香林坊橋を右手に進んでいくと犀川大橋にたどり着く。この橋を渡れば寺町《てらまち》で、ここに土屋家の菩提《ぼだい》寺である龍雲《りゅううん》寺がある。寛文元年（一六六一）、又三郎が十代後半の頃、父・勘四郎が創建した。

城下町金沢のまわりに広がるのが加賀平野で、石川平野・金沢平野とも呼ばれる（図1－2参照）。又三郎が暮らした御供田村も、そのなかの一村である。加賀平野は南北に細長く、東側と南側には標高二千七百二メートルの白山《はくさん》を中心とした山々が連なる。西側は直線的な海岸線で日本海側に面し、海岸線には砂浜が続く。日本海と山々との間に平野部が広がり、安定的に水を確保できる河川を水源とした米づくりがおこなわれてきた。そのため、前述した犀川や手取《てどり》川の流域では、大小の用水路が網の目のように広がっていった。

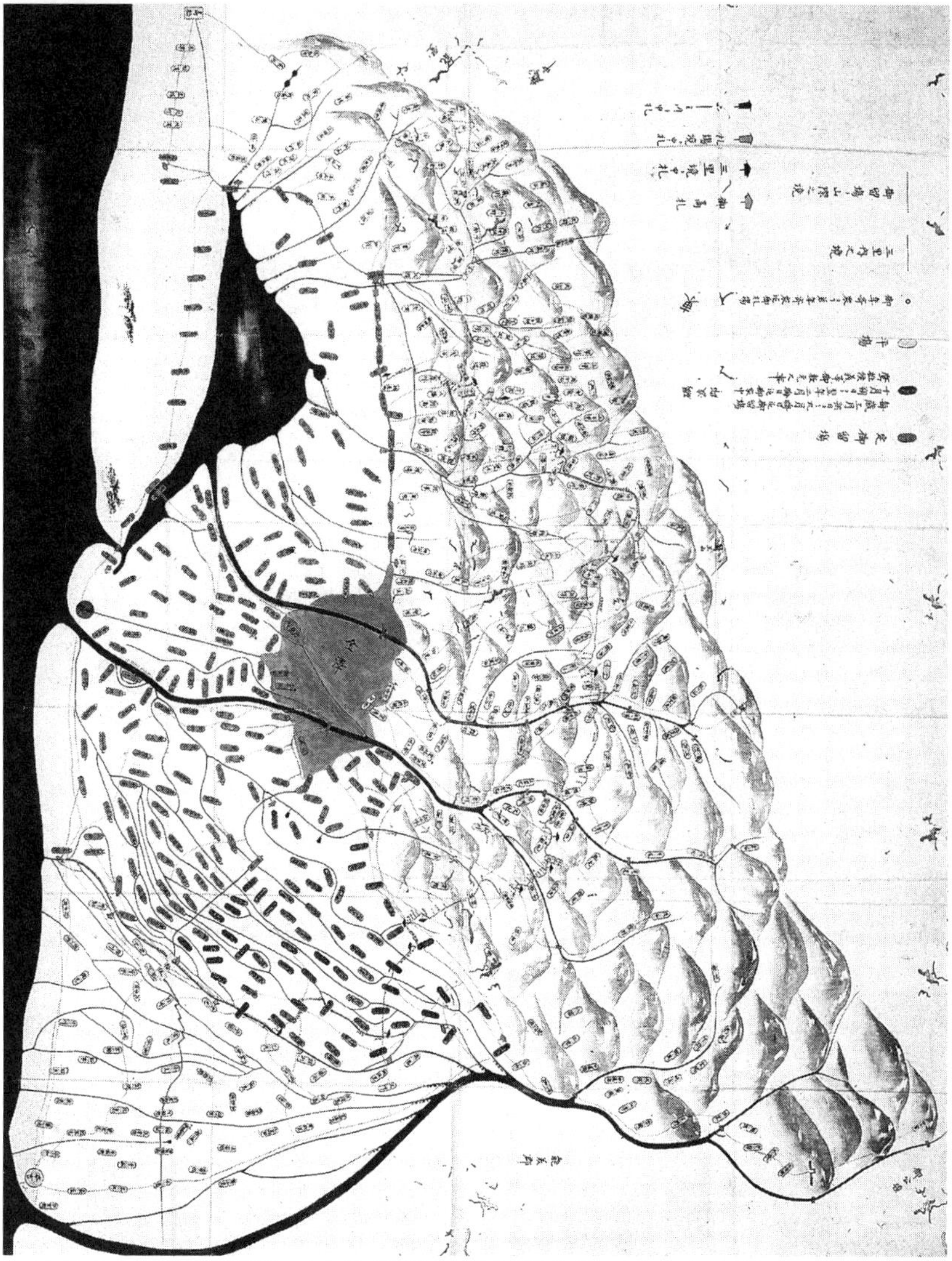

図1-2　金沢と加賀平野　中央部が金沢、上半分が河北郡、下半分が石川郡となる。山々と日本海との間に加賀平野が広がる。金沢の上部を流れるのが浅野川、その下が犀川、最下部の能美郡との境を流れるのが手取川である。加賀平野に網の目のように広がるのは用水路で、新田開発に大きく貢献した。丸囲みのなかには村名が記されている。「藩政末期　石川・河北両郡の鷹場色分け図」（金沢市史編さん委員会編『金沢市史　資料編10　近世8』、金沢市、2003年）より

気候の面でみれば、冬は気温が低く、雪の降る日が多い。又三郎は嘆く。

> 冬雪降て指当りて宜敷事なし、皆害のミ也、然共物一度害する時ハ、損益ハ習ひ《い》也、去共北国に於て雪曾て降らさ《ざ》る時ハ、翌年耕作よからす《ず》と云り*6

冬に雪が降って良いことはなく、害のみしかない。しかし、物事に一度は害があったとしても、損失が利益にもなるのが世の道理である。北国で雪が降らない時には、翌年の作物の実りはよくないという、と。

日本海側に多く降る雪は、稲に必要な水をもたらす。そうはいっても、稲というのは、もともとは温暖な気候に適した作物なのだ。寒さの厳しい加賀平野で、どのようにして稲作がおこなわれ、水田を根幹とする江戸時代の自然や社会がつくり出されていったのか。これを解明するために、加賀平野に注目するのである。

農書とは何か

江戸時代に全国各地で農書が発達したのは、平和のもとで学問が振興されたこと、教育が普及したこと、庶民の教養が向上したことなど、いろいろな理由が考えられている。領主側にしてみ

写真1-1　加賀の農書　土屋又三郎『耕稼春秋』・『耕作私記』や林六郎左衛門『耕作大要』などの農書の数々。加賀藩は「農書の宝庫」と呼ばれる。
金沢市立玉川図書館所蔵

ても、財源を豊かにするために、農業技術を高めて農作物を増収しようという意図があった[*7]。

諸国のなかで、加賀藩は「農書の宝庫」ともいわれる。なぜ多くの農書が著されたのか。その理由を説明するために農書を四つ紹介しよう。又三郎と同じ時期には、江《え》沼《ぬま》郡小《お》塩《しお》辻《つじ》村（現加賀市）の鹿《か》野《の》小《こ》四《し》郎《ろう》（一六五五－一七一〇）が宝永六年（一七〇九）に『農《のう》事《じ》遺《い》書《しょ》』を著し、農事の秘伝と生き方を子孫に遺した。又三郎が暮らした同じ石川郡でも、福《ふく》留《どみ》村（現白山市）の林《はやし》六《ろく》郎《ろう》左《ざ》衛《え》門《もん》が天《てん》明《めい》元年（一七八一）に『耕《こう》作《さく》大《たい》要《よう》』を執筆している（写真1－1参照）。加賀藩は越《えっ》中《ちゅう》国（富山県）にも領地をもっていたが、その砺《と》波《なみ》郡下《しも》川《かわ》崎《さき》村（現小矢部市）で生まれた宮永《みやなが》正運（一七三二―一八〇三）は、寛政《かんせい》元年（一七八九）に『私家農業談《しかのうぎょうだん》』を著述した。その子の正好《まさよし》は、父の志を受け継いで文化《ぶんか》十三年（一八一六）に『農業談拾遺雑録《のうぎょうだんしゅういざつろく》』をまとめている。

これらの執筆者に注目してみると、小四郎と六郎左衛門は又三郎と同じ十村、宮永親子は富農であった。つまり農書の執筆者の多くは、村の有力者として農業を指導するような立場におかれていたことがわかる。加賀藩では武士ではなく、彼らのような農業経験者が農政をリードした。そのため彼らには農業技術への高い素養が求められたし、何より本人自身が農業そのものに意欲的な姿勢を持っていた。[*8] このような事情から、長年の経験をもとに、農政のリーダーたちの手によって多くの農書が著されたのである。

数多くの加賀の農書のなかで、その嚆矢《こうし》といえるのが又三郎の『耕稼春秋』である。とはいえ、手本があったことを又三郎は隠さない。

宮崎安貞四十年来在郷に住居し、農夫に親ミ、種々の業・種々の利・其外変易詳尋、心を尽し書を集、其利分明成事を記し、農人に其利を教へ、天下の諸民にをしへ（教え）て、其功有事を多記し置り、誠に其志の甚深き事実感多し[*9]

宮崎安貞《みやざきやすさだ》は四十年も在郷し、百姓と親しみ、いろいろな技術・効用やその変化を詳しく尋ね、心を尽して書を集めた。こうして明らかに役立つことを記し、百姓や天下の諸民にも教えて、効果のあることを多く書き残した。誠に、その志の深さを実感することが多い、と。

又三郎が手本としたのは、江戸前期の農学者・宮崎安貞（一六二三―九七）が著した元禄十年（一六九七）の『農業全書《のうぎょうぜんしょ》』だった。安貞は、もともとは福岡藩主・黒田忠之《くろだただゆき》（一六〇二―五四）に仕えていたが、辞して筑前国志摩《しま》郡女原《みょうばる》村（現福岡県福岡市）に四十年にわたって暮らした。百姓と懇意にしながら、農業の詳細を尋ね、書を集めることに精魂を傾けた。そうして学んだことがまとめられたのが『農業全書』で、この出版は、江戸時代の農業技術の普及に大きく貢献することになった。

『農業全書』の記述内容や、安貞の志に深く感銘を受けた又三郎は、農業指導の面で同書を参考にしていた。しかし、日本全土の土地柄は一様ではなく、国・郡・村によって違いもある。『農業全書』に書いてあることが、そのまま加賀の風土に適用できるわけではない。そこで同書を参照しつつ、又三郎は加賀の風土に合わせて『耕稼春秋』を執筆したわけである。*10

絵農書『農業図絵』を読み解く

又三郎には、ほかにも宝永四年（一七〇七）の農書『耕作私記《こうさくしき》』、北陸の河川について調べた正徳《しょうとく》四年（一七一四）頃の『加越能山川記《かえつのうさんせんき》』など、数々の著作がある。なかでも、『耕稼春秋』

と双璧《そうへき》をなすのが、享保二年（一七一七）の絵農書《えのうしょ》『農業図絵』である。

『農業図絵』では、『耕稼春秋』のような文章ではなく、絵でもって農業技術などが教諭されている。生き生きと描かれた百姓の姿には、又三郎の愛情が注がれているかのようだ。私たちは教科書や本の挿《さ》し絵として、よく『農業図絵』を目にするものの、この絵農書の内容が充分に検証されてきたとはいいがたい。これから本書でも多く使用するので、その史料的性格について説明しておきたい。

『農業図絵』の原本は、いまだに見つかっていない。写本として確認されているのは次の四書である。

石川県白山市の個人蔵『加賀農耕風俗図絵』（以下、桜井本と記す）

西尾市岩瀬文庫所蔵『耕稼春秋』（以下、岩瀬本と記す）

神奈川大学日本常民文化研究所所蔵『耕稼春秋』

石川県金沢市の個人蔵『耕稼春秋図絵』

これらの四書は、桜井本と残りの三書の、二系統に分けることができる。描写が丁寧な桜井本の方が、これまでは高く評価されてきた。[*11] しかし、見落とされている点がある。桜井本と岩瀬本とをあらためて比較してみよう。

図1-4　田植え（岩瀬本、部分）
西尾市岩瀬文庫所蔵『耕稼春秋』より

図1-3　田植え（桜井本、部分）
個人蔵『加賀農耕風俗図絵』より

（一）田植え

図1－3（桜井本）と図1－4（岩瀬本）は、四月に田植えをしている場面（部分・岩瀬本は図序－1参照）である。全体的に見れば、岩瀬本と桜井本に大差はない。どちらかといえば、岩瀬本の方が描き方が簡略化されているように見え、配色も少し寂しい。

右上を見ると、桜井本では、農道に立っているのは若い男性である。彼はその質素な身なりからして、視察に来た藩役人ではなく百姓に間違いない。まるで村人たちのリーダーのような振る舞いだ。ところが、田植えは猫の手も借りたいくらいに忙しい作業である。指図するためとはいえ、これを腕組みして眺めているとはどういうことだろう。これに対して岩瀬本はどうかといえば、腰の曲がった老人が杖をついて立っている。これならば、

図1-5　大根の収穫（桜井本）
個人蔵『加賀農耕風俗図絵』より

図1-6　大根の収穫（岩瀬本）
西尾市岩瀬文庫所蔵『耕稼春秋』より

積み重ねてきた長年の経験をもとに老農が全体のアドバイスをしている絵となり、農村の風景としてふさわしい。

（二）大根の収穫

図1-5（桜井本）と図1-6（岩瀬本）には、ともに上部に「大根引」と記されている。十月に百姓が畠から大根を抜き取り、人馬で運ぶ様子が描かれている。

桜井本の下段にいる三人に注目してほしい。左側の役人らが、何かを問いかけているようだ。呼び出された百姓は、小腰をかがめて卑《ひ》屈《くつ》に見える。腰を落としすぎて不自然な感じさえしよう。一方、岩瀬本ではどうか。この人物は、これから大根を抜き取ろうとしているようだ。つまり、岩瀬本では、農作業をしている百姓に、役人が直接、問いかけている様子が描かれていることになる。

（一）と（二）から考えるに、岩瀬本は、土屋又三郎による原画のなかから、農作業が強調されて描かれているのである。それはまさに農作業そのものを教諭するためであり、読者としては百姓を対象としているとみてよい。桜井本はどうかといえば、『農業図絵』のストーリー性の方が重視されている。想定される読者は、あまり農業を知らなくてもよい領主層といえよう。図1－5で教諭されているのは、十月になると畠から大根を抜きなさいということではなく、大根を収穫する十月に役人は農村を視察しなさい、ということである。だからこそ、役人に応対する人物は、大根を抜く農作業をしていなくてもよい。

このように読者層の違いを意識しながら、『農業図絵』は描き分けられ、写本が伝存してきたといえよう。本書では、以上に述べた『農業図絵』の史料的性格をふまえ、農作業の場面がより忠実に描かれている岩瀬本を使用していく。

二　加賀藩の農政

「名君」前田綱紀の評判

土屋又三郎が生きていた時代、加賀藩主は、名君の誉《ほま》れ高い前田綱紀《まえだつなのり》（一六四三―一七二四）であった。又三郎と綱紀の生没年は、ほとんど同じである。ということは彼もまた、まわりには戦争の経験者がいるなかで生まれ、平和の世に育った世代といえよう。

綱紀といえば、正保《しょうほう》二年（一六四五）に、数え年わずか三歳で藩主をついだため、成人するまでは祖父の前田利常《としつね》（一五九三―一六五八）や正室の父・保科正之《ほしなまさゆき》（一六一一―七二）が後見役となった。こうして①藩政機構の整備、②農村の立て直し、③貧民の救済、④殖産興業の振興、⑤学問の興隆などに力を入れ、藩政を確立させたのである。[*12]

数々の改革のなかでも評価の高い⑤をみると、加賀藩に錚々《そうそう》たる学者や文人が集《つど》ったことがあげられる。たとえば、朱子《しゅし》学者・木下順庵《きのしたじゅんあん》（一六二一―九八）もその一人である。幕府の儒官・室鳩巣《むろきゅうそう》（一六五八―一七三四）も、綱紀にその才を見出されて一時は加賀藩に仕え、順庵のもとで学んだ。本草学《ほんぞうがく》の稲生若水《いのうじゃくすい》（一六五五―一七一五）は、綱紀の命で博物誌『庶物類纂《しょぶつるいさん》』の編纂に取り組んだ。国宝「納涼図屏風《のうりょうずびょうぶ》」を描いた久隅守景《くすみもりかげ》（生没年未詳）は、晩年には金沢へ移ったと伝えられている。藩主・綱紀自身も古書の収集に熱心で、京都の東寺《とうじ》に伝わる東寺文書の一つとして有名な『東寺百合文書《ひゃくごうもんじょ》』も、綱紀がおよそ百箱の桐箱を寄進して保存されることになったものである。

綱紀の評判については別の角度からの記録も残っている。元禄三年（一六九〇）現在の大名二百四十三人の評判などがまとめられた『土芥寇讎記《どかいこうしゅうき》』という史料がある。これは、五代将軍・徳川綱吉《つなよし》（一六四六―一七〇九）の時代に、幕府が諸国に隠密《おんみつ》のような人物を派遣して調査させた報告書のようなものである。同書のなかで、綱紀は以下のように記されている。

――文武両道で礼儀も正しい。奢《おご》ることもなく、智慮《ちりょ》も深い。それでいて民を憐《あわ》れみ、身分の低い家臣まで愛している。みずからの振る舞いに誤りはなく、家臣に命じて政治をおこなっているので、国家は安泰だ。しかし、私欲に走る家臣にそそのかされ、損得勘定を考えるようになったため、昔の心を忘れている、と。藩主となってもうすぐ半世紀、長い治世の弊害も見え始めていた。

古書の収集については、こんなエピソードがある。――世にも珍しい古書があった。綱紀はこれを買う約束をし、値段を決めるために借りることにした。ところが、いくらで買うのか金額を尋ねられても、今日、いや明日と返事を延ばすだけ。その間、大勢を雇って五、六日ですべて筆写させ、この書は珍しくはない、私も持っていると言って返却した。こういう出来事が何度かあったので、綱紀は「書籍盗人《ジャク》」とも呼ばれている、と。*13

このエピソードの真偽はどうか。図書の収集にあたって、綱紀は必ず自分で閲覧し、無用・無価値と判定した場合には返すが、価値を認めたものは購入するか、筆写させたらしいから、あながち作り話ともいえない。綱紀がどれくらいの書籍を集めたのかは定かではないが、明治末年の前田家には数十万という膨大な量の蔵書があったというから、綱紀による古書の収集は、結果的に一大文化事業となったということができるだろう。*14

百姓経営の立て直し

綱紀の治世下で十村をつとめた又三郎は、彼のことをどう思っていたのか。綱紀本人のことについては口をつぐむ。しかし、彼の治世については絶賛していた。

> 実に浅野の温水・才《（犀）》川の菊花水と（等しく）、天正より宝永の今日迄、邑里ハ耕稼、山海ハ樵猟、事業不怠、三州の山・海・国政共に不易にして、謹て奉祝万々歳者也*15

実に浅野川の温水、犀川の菊花水のような流れと同じように、天正より宝永の今日まで、村里では農業、山や海では林業・漁業を怠ることはない。三州の山・海・国政はともに不変であり、謹《つつし》んで万々歳と祝いたい、と。「温水」と「菊花水」とは、川の流れが美辞で表わされたものである。

天正期（一五七三―九二）に前田家が加賀に入ってから、今や綱紀のもとで宝永（一七〇四―一一）の世に至っている。加賀藩が治める加賀・越中・能登《のと》の三カ国で異変のない世を、又三郎が言祝《ことほ》ぐには理由があった。江戸初期、藩の財政状況は厳しい状態が続いていた。寛永十七年から十八年（一六四〇―四一）に凶作に見舞われ、それ以降は百姓による年貢《ねんぐ》の未納が絶えなかったからだ。そこで慶安《けいあん》四年（一六五一）から明暦《めいれき》三年（一六五七）にかけて、百姓経営を安定させるための農政改革が実施された。これを改作法《かいさくほう》とよぶ[*16]。

改作法が開始された時、若年の綱紀に代わって後見役の利常が多岐にわたる改革を進めた。その施策の一つが、百姓の困窮を克服させることであった。藩は、経営の行き詰まった百姓に米や銀を貸与することによって債務を肩代わりしたり、春に米を貸し出して秋に返納させる作食米《さくじきまい》などの助成制度を確立させたりしたのである[*17]。その結果、百姓の経営は立ち直り、財政収入もなんとか確保できるようになった。身を粉《こ》にして農業を普及させた又三郎だからこそ、江戸時代の早い時期で農政を確立させた加賀藩の現状を、肯定的に評したのだろう。

これから江戸時代の水田をみていくにあたっては、加賀藩における新田開発の推移もおさえておかなければなるまい。表1―1は、それを一覧にしたものである。図序―2で示されていたのは全国の「耕地面積」だったが、こちらでは加賀藩の「石高《こくだか》」が表示されている。加賀藩は俗に「加賀百万石」と称される。綱紀の時代以降の石高は百二万五千石余りで、江戸時代で最大の藩

表1-1　加賀藩の新田高の推移

年　代	期間（年間）	新田高（石）	新田に占める割合（%）
慶長・元和-正保2年（17世紀初-1645）	30-40	137,467	39.6
正保3-寛文3年（1646-63）	18	80,218	23.1
寛文4-天和3年（1664-83）	20	51,511	14.8
貞享元-元禄11年（1684-98）	15	19,615	5.7
元禄12-天保2年（1699-1831）	133	11,849	3.4
天保3-慶応3年（1832-67）	36	46,439	13.4
合　計		347,099	100.0

木越隆三『織豊期検地と石高の研究』（桂書房、2000年）により作成

といえる。それ以外にも、新田開発によって石高は増加した。表1－1に示された新田高《しんでんだか》は、幕府に公式に登録された数値であり、しかも右に述べた石高百二万石余りには含まれていない。近世《きんせい》をつうじて開発された新田は約三十五万石にも及ぶ。これは岡山藩池田家（約三十二万石）のように、国持《くにもち》大名クラスの石高に匹敵する。

全体的にみれば、新田高は十七世紀と幕末に増えている。そのうち、十七世紀初めから元禄十一年（一六九八）にかけての新田高は合計で二十九万石弱で、全体に占める割合は約八十三パーセントにも達する。江戸前期の十七世紀は、まさに加賀藩においても新田開発の時代であったことが確認できる。その十七世紀のなかでみると、開発のピークは前半にあり、後半にはそのペースが落ちていた。

ということは、又三郎は、開発期ではあるものの、しだいに開発が落ちつきつつある時代に生きていたことになる。彼には、肯定すべき現世と、その綻《ほころ》びとが、同時にみえていたのである。

石高とは何か

上野《こうずけ》高崎藩士の大石久敬《おおいしひさたか》（一七二一—九四）は、領主の命により農村支配のマニュアルを著述した。寛政六年（一七九四）の『地方凡例録《じかたはんれいろく》』である。これは全国の事例をふまえて記されており、江戸時代のなかで、もっとも体系化された農政の手引書といえよう。そのなかで石高は、次のように解説されている。

田畑を検地し、土地に応じて上・中・下の位《クライ》を分け、石盛を極め、田畑屋敷夫々の高を寄合せたるを石高と云て、即ち村高なり*18

田畠を検地《けんち》し、土地に応じて上・中・下の位をわけ、石盛《こくもり》を定め、田・畠・屋敷それぞれの額をひとつに合わせたものを石高という。すなわち、村高でもある、と。

江戸時代の領主は、村の自治に依存して、百姓から年貢・諸役を納めさせた。百姓の年貢はどのようにして決まったのか。まず百姓の持っている耕地や屋敷の検地がおこなわれ、土地面積が測られた。その基本的な単位は、次のようになる。
町《ちょう》・反《たん》・畝《せ》・歩《ぶ》

一町＝十反（約一ヘクタール）
一反＝十畝
一畝＝三十歩（約百平方メートル＝約一アール）
一歩＝約三・三平方メートル

次に、その土地には上田《じょうでん》・中田《ちゅうでん》・下田《げでん》などの等級がつけられた。等級それぞれには、一反あたりの土地から収穫されるものが米の量で表示された。これを石盛（斗代《とだい》）という。検地は毎年おこなわれるわけではないし、石盛が全国一律で設定されていたわけでもない。時代・地域や領主によって差があった。

すなわち、土地面積に石盛を乗じて算出されたのが石高で、これを基準に百姓は年貢を納めたのである。石高の単位も、次に示しておく。
石《こく》・斗《と》・升《しょう》・合《ごう》

一石＝十斗
一斗＝十升
一升＝十合（約一・八リットル）
一合＝約百八十ミリリットル

又三郎が暮らす加賀国石川郡の場合は、石盛は「上田一反＝一石五斗」が標準とされていた。年貢は村をとおして領主に納められるので、一つの村でどれほどの石高があるのかがわからなければ、領主は年貢を収納できない。村内部の石高が合算されたのが村高で、だから『地方凡例録』では石高＝村高と記されている。

ただし、石高は米の収穫量を示した生産高なのか、それとも領主が課す年貢高なのかについては、いまだに学説がわかれている。これは豊臣秀吉による、いわゆる太閤《たいこう》検地の革新性の有無にもとづく議論といえる。

かつては太閤検地の石高は生産高であるという見解が主流であり、それ以前の戦国大名の検地は年貢高なので、これは生産高を掌握できない遅れたものとみなされていた。ところが、近年では太閤検地の石高は年貢高であるという見解が出され、そうであれば戦国大名と秀吉の検地は連続していることを意味する。[*19] 筆者の考えは第四章で述べることにしたい。

「石高制」の社会

石高は村・百姓だけにとっての単位ではなかった。たとえば加賀藩が百二万石余りというように、大名の領地高を示す単位として使われ、幕府が大名を軍事動員する際の基準としても使われた。また、前述した宮崎安貞が福岡藩主に二百石で召し抱えられていたように、大名が家臣に俸《ほう》禄《ろく》を与える際にも、石高という単位が用いられていたのである。

このように、石高は武士の社会にも適用されていた。江戸時代には、社会を編成するうえで石高が基準とされていたのである。これが、江戸時代がコメを中心とした石高制の社会といわれる所以《ゆえん》である。

現在の私たちにとっては、なじみがない制度である。たとえば、年間一人あたり何石の米を食べていたのか、見当もつかないかもしれない。今でもこれに答えるのは難しい。都市と農山漁村、武士と百姓、あるいは地域などによって食糧事情には差があるからである。しかも、江戸時代の史料上に現れる米は、基本的には玄米のことをさす。これを食べるためには精米をおこなうので、実際の量はもっと少なくなる。これから示す例は玄米の量と考えてほしい。

まず武士の俸禄からみていこう。下級武士は、何人扶持《ぶち》という形態で俸禄を支給されることがあった。これは日当のような性格のもので、江戸幕府の場合、一人扶持は一人一日あたり米五合と決まっていた。一年を三百六十日とすれば、年間一人あたり米一石八斗になる。しかし、一日=米五合という額には家族分も含まれているだろうから、年間一石八斗を一人あたりの消費量とはみなせない。

今度は単純に、一食につき米一合ずつ、毎日三食を口にしたとしよう。一年三百六十日とすれば米一石八升となり、年間あたり一人で米一石強を食べていたという計算になる。ただし、国内で米消費が拡大するのは明治に入った一八八〇年代半ば以降のことで、一九二〇年頃になってようやく一人あたりの消費量が年間一石弱の水準に達したとみられている。[*20] 年間あたり一人＝米一石という数値は、あくまで目安のひとつと考えてほしい。

なぜ米を納めたのか。鎌倉時代（十二世紀末―一三三三）には国内では宋銭《そうせん》などの貨幣が使われていたし、十六世紀の日本は世界有数の銀産出国であり、海外への輸出もおこなわれていた。石高の前段階で、すでに年貢などを課す基準として、銭《ぜに》（貨幣）に換算された貫高《かんだか》も用いられていた。戦国大名も貫高を採用し、この基準で家臣団を編成し、これに応じた軍事動員をおこなった。それなのに、なぜ江戸時代では貨幣から米に転じたのか。経済の発展からは逆行しているようにさえ感じられてしまう。豊富な銀を通貨として使う選択肢があったはずにもかかわらず、なぜそうならなかったのだろう。

米で年貢が納められた理由として、これまでは、兵糧米《ひょうろうまい》を確保する目的があったことが指摘されていた。秀吉が天下を統一していくなかで、軍を率いるために膨大な量の食料が必要となった。それを確保するために、年貢として米を納めさせたというわけである。[*21] しかし、近年、国際情勢もふまえた別の見解も出されている。

銭の輸入先である明《みん》（中国）では、日本から銀が輸出されたこともあり、基準通貨が銭から銀へ移行し始め、銭の発行・流通が不安定となった。これに追い打ちをかけたのが南米産の銀である。元亀《げんき》二年（一五七一）、スペインがメキシコ―フィリピン間に定期航路をひらくと、世界最大の銀産地となった南米から明へ、銀が集中的に流入した。その結果、日本へ銭を輸出していた拠点である明の福建《ふっけん》地方が銀経済圏になってしまい、これにより日本への銭の供給が途絶えてしまったのである。貫高から石高への転換が生じたのも、この頃だという[*22]。世界規模の銀流通が日本に銭不足をもたらした。そこで、安定的に税を確保するために、米で年貢が納められるようになったという考え方もできよう。

年貢の納め方

加賀藩の百姓は、丹精を込めて育てて収穫した米を、村をとおして、年貢として領主に納めていた。図1－7の右上には、「年貢米御蔵入」と記されている。十月に百姓が年貢米を藩の蔵に納めている場面だ。収穫した米は俵《たわら》に詰められる。加賀藩では、俵には米五斗（約七十五キログラム）を入れるのが決まりだ。これだけの重さの米俵《こめだわら》を肩に担いで運ぶだけでも、かなりの体力を消耗《しょうもう》する。

地面に両手をついているのは、これから納入を願い出る村役人だろう。運んできた俵をほどき、筵《むしろ》の上に置かれた枡に米を入れて、棒で表面をならす。こうして計量し直すわけだ。上質の米を納めなければならないため、ここで砕けた米などが入っていないかの最終チェックをおこなっている。もちろん、それ以前に村で何度もふるいにかけるなど、米の選別はされている。それでも残っていた異物を百姓は丁寧《ていねい》に拾い出し、箕《み》に集めて捨てている。こうして計量時に年貢米が減るため、あらかじめ米は余分に詰めておかなければならなかった。合格検査を終えた俵は蔵に積み入れられて、年貢の納入は終わる。

このようにして藩の蔵に納められた年貢米が、その後は藩の財源になったのはいうまでもない。金沢城内で消費される飯米《はんまい》や家臣の俸禄などとして支出された米以外は、米市場で売買された。それは領内だけではなく、おもに大坂などの中央市場で販売されて藩財政を潤したのである。

十七世紀後半になると、江戸の商人・河村瑞賢《かわむらずいけん》（一六一八―九九）によって全国規模の海上交通網が整備された。西廻《まわ》りのルートで大坂へ運ばれた加賀米は、年によって変動はあるが、元禄四年（一六九一）には二十万石余りにも及んだ。[*23] 他藩を圧倒するほどの大量の米が大坂で販売されるので、米市場における加賀米の影響力は非常に大きく、先物取引にあたって、夏相場の標準米の銘柄として選ばれていたという。[*24]

図1-7　年貢の納入
西尾市岩瀬文庫所蔵『耕稼春秋』より

もう一度、図1－7を見てみよう。頭巾《ずきん》をかぶり、百姓より一段高いところに座り、筆で帳面に何かを記す人物は誰なのだろう。加賀藩で年貢徴収を担当していたのは十村で、通称「十村代官」と呼ばれ、武士にかわって職務を遂行していた。ひょっとしたら、この人物は、十村を務めていた頃の又三郎本人なのかもしれない。

三　米の多様性

八十二種もの銘柄

稲ハ五穀の中にて極めて貴物也[*25]

五穀（米・麦・黍《きび》・粟《あわ》・豆）のなかで稲は極めて貴《とうと》い、又三郎はそう称《たた》える。コメを中心とした石高制の社会だからではなく、米そのものが賞賛に値する作物だと断じているのだ。これは又三郎の勝手な思い込みではない。宮崎安貞をはじめとした多くの老農たちも、同じ意見をもつ。

その米をクローズアップしてみよう。

『耕稼春秋』のなかには、宝永年間（一七〇四－一一）頃の、石川郡における米の品種が記されている。表1－2には、それを一覧にして示した。早稲《わせ》・中稲《なかて》・晩稲《おくて》の三つに分類されて、その数は合計八十二種もあったのである。[*26] 銘柄のなかには、「津軽」「江戸」「京はやり」「越後白」のように地名がついたものがある。土屋又三郎は、米の品種については、風や虫などの被害をさほど受けないもの、なんといっても味が良く収量が多いものを作付《さくつ》けすべきだと力説する。そして、こう続けた。

其所の土に相応して、利分を増れるを考て用へ《べ》し、必しも前々より其所に作り来て、此外ハ求にたらす《ず》と一偏に思ふ《う》へ《べ》からす《ず》[*27]

その土地にふわしい、収益のある米の品種を考えて植えなさい。長年その場所で作付けされてきた在来種に頼り、それ以外の品種を求める必要はないと一概に思い込んではならない、と。

新たな開墾地で始める稲作が、どれだけ不安定なことか。本来は温暖な気候に適した稲のどの品種が、寒冷地の加賀平野に合うのかもわからない。加賀平野では試行錯誤が繰り返されていった。新種が導入されるなどした際に、こうした地名のついた銘柄が生まれたとみてよい。米の増収をめざして、各地から新たな種子を手に入れ、収穫量を増やすという方法は各地でおこなわれ

表1-2　宝永年間（1704-11）頃の米品種一覧

分類	銘柄		
早稲	やよ岡	弥六早稲	ちつこ（松）
	日の出	三浦	三納
	かけ餅	次の谷	赤早稲
	大唐早稲	示野	五々百餅
	孫左衛門	雀餅	神子早稲
	津軽	盆餅	つひなひき
	川原早稲(坊主早稲)	引すり	弥六餅（やちバリ）
	羽ひろ（わさ草）	ほつこり	ぼうず
	新保	下林	江戸
	遅早稲	早大唐	
			29種
中稲	ちく	石立弥六	砺波弥六
	小崎	小弥六	赤弥六
	藤四郎	三七餅	稲泉
	小白	柏野白	大仏餅（弥六餅）
	雀しらす	若狭弥六	大弥六
	矢筈弥六	太郎兵衛餅	京はやり
	はな打	唐干餅	
			20種
晩稲	そより	黒餅	赤餅
	目黒	越後白	撰出し
	よふし	しらか真手	三九郎
	真手	石割	岡倉
	遅岡倉	遅藤四郎	よこれ
	出来穂	高尾屋	犬のゑ餅
	疇越餅（五々百）	ミの笠	大真手
	忠縄（四ふし）	ぬき黒	てきころ
	大白	遅弥六	御坊餅
	新保御坊餅	こされ餅	づら弥六
	鹿島白	能登白	大穂
			33種
合計			82種

『日本農書全集　第4巻』（農山漁村文化協会、1980年）により作成

ていた。江戸前期には大名が種子を取り寄せて配布することもあったが、中期以降は村同士などで種子交換をおこなうことが盛んになった。[28]

そうはいっても、これほどまで在野での品種がバラエティに富んでいるのには、もっとほかに理由があるはずだ。土屋又三郎は、その原因をこう説く。

籾一色の内より異風なる籾を撰出し、少宛試に植る百姓有、故に品多し、御領国郡々不残是を改めハ(ば)、五百色斗ハあるへ(べ)き物なり[29]

同じ品種の籾《もみ》のなかから、みかけの違った籾を選び出し、少しずつ試しに作付けしていく百姓がいる。こうして米の品種は増えた。領内の各郡を残らず調べれば、その数は約五百種にも及ぶ、と。

変わり種を選別して、試作を繰り返す。そうすれば米の品種は増えるものの、品質にばらつきが生じてしまう。年貢米として、何か問題はなかったのか。たとえば、享保九年（一七二四）、藩の財務を担当する算用場奉行は、十村などに年貢米を厳しくチェックするという方針を伝えた。なぜなら、米の品質が悪いので、大坂での値が「過分下直」になっていたからだ。[30]百姓の年貢米が藩の財源をささえているのに、その年貢米の質が悪ければ、売却しても利益はあがらない。藩としては、年貢米の質を安定させるために、百姓が生産していた米の品種を掌握することが課題

表1-3　元文3年（1738）の加賀藩の米品種内訳

分類	数	収穫期間（日）最短	−	最長	味 良い	中位	悪い	芒の有無 長い	短い	なし	芒の色 赤	薄赤	黒	白
早稲	20	85	−	120	2	8	10	11	2	7	4	0	2	7
中稲	30	110	−	130	13	7	10	17	2	11	11	0	2	6
晩稲	36	140	−	170	8	13	14	16	4	16	10	2	3	5
早糯	5	90	−	115	0	3	2	0	0	5	0	0	0	0
遅糯	10	110	−	140	3	5	2	2	1	7	2	0	1	0
晩糯	11	150	−	170	5	6	0	4	0	7	1	1	2	0
合計	112				31	42	38	50	9	53	28	3	10	18

「郡方産物帳」2（金沢市立玉川図書館近世史料館所蔵加越能文庫№16.70−8）により作成
晩稲のうち、1種の味は不明

となっていた。

藩による品質管理

『耕稼春秋』が著されてから三十年ほど経った元文《げんぶん》三年（一七三八）、加賀藩は領内の産物を調査し、『郡方産物帳《こおりかた》』としてまとめた。*31 これには米の項目があるので、藩も米の品種を把握していたことになる。

石川郡の場合、早稲・中稲・晩稲・早糯・遅糯・晩糯の六つに分類されている。稲とは普通の米である粳米《うるちまい》のこと、他方の糯《もち》とは粘り気のある糯米《もちごめ》のことをさす。さらに①名前、②芒《のぎ》の有無、③籾の色、④芒の色、⑤味、⑥収穫期間も記されている。①③を除いて、これらを一覧にして表1－3に示した。

総数でみると、表1－2の八十二種に対して、表1－3は百十二種にも及ぶので、三十種も増加している。表1－2で「餅」という名のつく銘柄は糯米とみなされるので、表1−2は粳米六十六種・糯米十六種となる。一方、表1−3では粳米八十六種・糯米二十六種なので、いずれも品種は増えていよう。次に表1−3の内訳をみると、早く収穫できる早稲・早糯の数は少ない。収穫は早稲・早糯で約三、四カ月、遅い晩稲・晩糯で四カ月から半年かかる。味は「中位」「悪い」に比べて、「良い」がやや少ない。なかでも早稲・早糯は味が落ちる。

籾の先についている毛のようなもの、すなわち芒に注目してみよう。短いものは少なく、多くは長いか、もしくはない。在来稲に「シシクワズ」という、強靭《きょうじん》で長い芒を持つ品種がある。命名の由来は詳らかではないが、こういう芒のある品種はイノシシの食害を受けにくいという。表1−2によれば、『耕稼春秋』のなかには「雀しらす《ず》」という品種がある。これは穂の部分より葉の方が高く茂るため、スズメの被害が少ない。[*32] 要は鳥獣害を防ぐために、芒の有無など、稲の特徴を判別して作付けしていた可能性が高い。その芒の色は、赤・薄赤・黒・白の四種で、白以外の、色のついたものが多かった。

『郡方産物帳』の米の項目のうち、③の「籾の色」の内訳を図1−8に示した。白というのは真白では

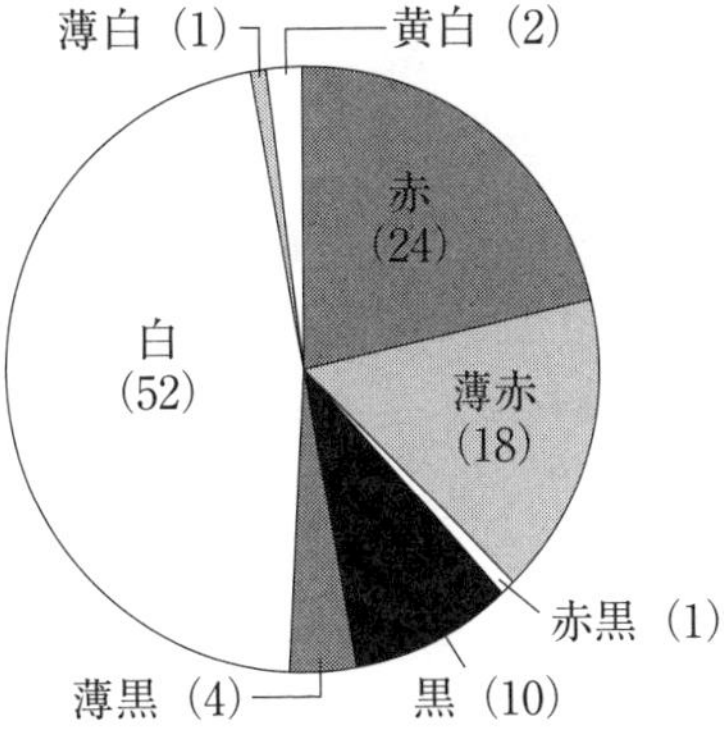

図1−8　籾の色
前掲「郡方産物帳」2により作成
（　）内は実数

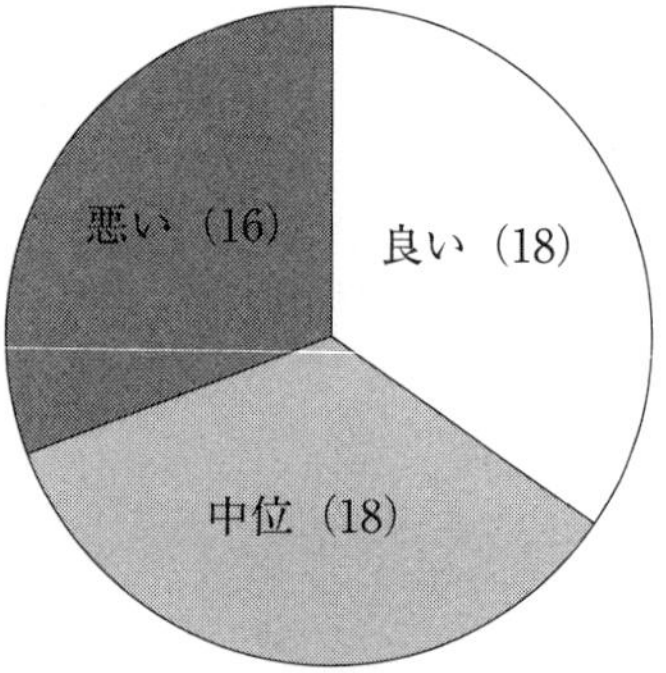

図1-9　籾の白い米の味
前掲「郡方産物帳」2により作成
（　）内は実数

なく、現在の米と同じように籾が明るい色の状態のことをさしているのだろう。つまり、白・薄白・黄白は、籾にほとんど色がない。一方、色がついているのは赤・薄赤・赤黒・黒・薄黒である。実数でみれば白が多いが、全体的にみれば半分は色がついている。

ところで、白い米といってもそれがただちに「おいしい米」を意味しているとは限らない。図1－9をみてみよう。この図には、籾の白いもの五十二種の味の内訳を示した。一覧してわかるように、その味にはバラツキがあり、白いとはいっても、とても同じ品質とはいえない。

管見の範囲で、この時期の加賀藩では、年貢米の品質を厳しくチェックするように命じられてはいるものの、籾の色や味まで細かく指定して納めさせる法令は出されてはいない。砕けてはいないか、あるいは実が薄くはないかなど、藩がこだわっているのは、しっかりとした米粒の形状が保たれているかどうかなのだ。ということは、百姓が年貢として納めていた米は、おいしいブランド米ではなく、結果的にはいろんな銘柄の混ざったブレンド米だった可能性が高い。

百姓は米を食べていたのか

百姓は、年貢を納めるために米を生産していたが、本人は米を食べることができたのか。全体的にみれば、百姓は主に雑穀を食べていたという見解と、[33]江戸後半では米と雑穀がほぼ半分ずつ入った飯を食べていたという見解とがある。[34]両者は、米のみの飯はほとんど口にしていなかったと考える点では共通していよう。百姓の日常食は、時代・季節や地域によって違いがあるのは当然であり、どちらが正しいのかを断定するのは難しい。加賀藩の場合をみていこう。

延宝《えんぽう》七年（一六七九）、加賀藩は百姓の暮らしを統制した『村方二日読』を定めた。その一条に、百姓の食べ物は「常々雑穀」を用い、米をむやみに食べてはならないと記されていることから、[35]法令でみれば百姓の日常食は雑穀だったことになる。実態はどうか。『耕稼春秋』には「麦ハ百姓の給物第一」と記されているので、[36]麦が主食だったことになる。ただし、一年中、雑穀・雑食（混食）ばかり食べていたのではない。農作業に出る時には仕事に励むために「昼ハ必米を喰《(食)》する」もので、雑食のなかにも米を少し入れるというから、[37]毎食とまではいかないが、百姓は米を食べていたのだ。

では、どのような品種の米を食べていたのかといえば、又三郎は、こんな実情を教えてくれる。

田に大唐を植れハ《(ば)》、常の米大唐取程取落す物なれ共、秋に早く米に成物故、第一百姓食物の為、第二又百姓秋納(収)につかへ(支え)さ(ざ)る前に、大唐藁にて家修理・屋根葺為に、御領国の百姓ハ大唐を植る[*38]

田んぼに大唐米《だいとうまい》を植えれば、そのぶんだけ普通の米の収量が落ちる。それでも、第一に秋に早く収穫できるので「百姓食物」となる、第二に秋の収穫で忙しくなる前に、その藁《わら》で家を修理し屋根を葺《ふ》くことができるため、加賀藩の百姓は大唐米を植えるものだ、と。

百姓が食べていた米は、大唐米であった。今では聞きなれない大唐米とは、「唐法師《とうぼし》」「唐干《とぼし》」などの名称でよばれた、インディカ型の赤米のことをさす。粒が長いところに特色があり、耕作地として条件の悪いところでも短期間で育つ。そこで新田を拓くとまずこの品種を作付けし、そのあと新田が耕地として安定すると、いわゆる普通の米への転換がはかられたとみられている。赤米は、新田における稲作のパイオニアとしての役割を果たしていたのだ。[*39] ただし、おいしくないため、一般的には餅類・漢方薬・菓子類などの材料として利用されていたという。

加賀藩でも、表1－2から「大唐早稲」「早大唐」「唐干餅」といった大唐米の銘柄が確認できる。江戸中期の十八世紀を中心にみると、粒の短いジャポニカ型は北海道・東北地方および中部山岳地帯などの寒冷地に多く、それ以西ではジャポニカ型と粒の長いインディカ型が共存して作付けされていた。[*40] 開発期には、百姓が米を食べるがゆえに、作付けされていたのは白い米ばかりではなかったのである。

新田開発がピークに達した十八世紀前半以降になると、大唐米は食べられなくなったのか。能登国羽咋《はくい》郡町居《まちい》村（現石川県志賀町）の富農・村松標左衛門《むらまつひょうざえもん》（一七六二―一八四一）は、本草学者・農学者として加賀藩の内外で知られていた。彼は寛政十一年（一七九九）頃から家業と子孫の繁栄を願って『村松家訓《かくん》』を書き始め、天保《てんぽう》十二年（一八四一）に没するまでこれに加筆している。そのなかで、お祝いの日に神社の祭礼などが重なった特別な日には、次のような食事の習慣があることを記している。

朝赤小豆飯にて、夕飯ハ秈飯致さず、又赤小豆飯たるべし*41

朝は赤小豆飯で、夕飯は秈《たいと》飯ではなく、また赤小豆飯にする、と。秈とは、大唐米のことをさす。特別な日などに食べていた小豆飯（赤小豆飯）というのは、白米と大唐米をブレンドしたものに小豆を入れて炊いたものである。ほかに白米に大豆を入れた大豆飯もあり、大唐米に白米を混ぜて炊くこともあった。しかし、基本的に、夕食時には大唐米が食べられていたのだ。したがって、大唐米は、新たに耕地を拓いた時だけではなく、その後も百姓が食べるために作付けされていたということになる。

図1-10　大唐米の収穫
西尾市岩瀬文庫所蔵『耕稼春秋』より

色とりどりの水田

　大唐米の作付けから収穫までの工程をみてみよう。『耕稼春秋』によれば、百姓は苗代《なわしろ》で大唐米がほかの種籾と混じるのを嫌がるので、まったく別に苗を育てるという。菜種《なたね》を刈る四月に田植えをするが、水田一面に植えることはない。水田を囲む畦《あぜ》と稲株との間、さらに稲株と稲株との間に植えていく。一列だと、収穫のよい年で、だいたい一反あたり一斗二、三升とれる。ただ、粒が落ちやすいので、風が吹けば収穫量は減ってしまう。

　収穫するのは八月である。図1－10に、その場面を示した。右上には、「中旬・下旬大唐刈」と記されている。百姓は、鎌《かま》で刈り取った大唐米を肩にかついで運んでいる。よく見ると、鎌を持つ百姓は稲株と稲株との間に立っている。仮に田んぼ一面に大唐米が実っているとすれば、効率よく端から順に刈り取っていくはずだ。つまりこの絵は、二人の百姓が、稲株と稲株との間に早く実った、大唐米のみ刈ろうとしていることを示しているのである。

刈り取った大唐米は脱穀しなければならない。上述したように大唐米は風に弱く脱粒《だつりゅう》しやすい。したがって、臼《うす》などに稲穂を打ちつけるだけで脱穀できた。そのあと精米するなどして、百姓は大唐米を食べる。脱穀によって藁も得ることができる。藁は家や屋根の修理にも使われていたが、これについては第四章でも述べよう。

水田を埋める稲穂の色は、一色ではなかった。「瑞穂の国」では、白い米だけでなく、赤や黒などもふくめた、バラエティに富んだ米が育てられていた。それが、開発期に広がった田園風景の現実の姿だったのだ。

無難に暮らしていくだけであれば、百姓はそれまでの在来種に頼り、毎年いつもどおり同じ種を蒔《ま》けばよい。しかし彼らは変わり種を選び、あるいは各地から新種を導入し試し植えをすることで、収穫量が多く、病気や虫害にも強く、そして味の良い米を求めた。新田開発はこうした百姓たちの努力によって成し遂げられ、社会の経済成長につながった。百姓が育てた大量の米が年貢として領主に納められ、社会全体に流通していくことで、コメを中心とした社会が成り立っていたわけである。

註

＊1　『日本農書全集　第4巻』（農山漁村文化協会、一九八〇年）六頁。
＊2　前掲『日本農書全集　第4巻』三〇六頁。
＊3　「土屋氏系図并由緒」（金沢市立玉川図書館近世史料館所蔵加越能文庫No.一六．六三─一二二）。
＊4　「十村由緒」（前掲加越能文庫No.一六．六三─一九八）。
＊5　前掲『日本農書全集　第4巻』六─七頁。
＊6　前掲『日本農書全集　第4巻』一八六頁。
＊7　筑波常治『日本の農書』（中公新書、一九八七年）。
＊8　清水隆久『近世北陸農業史』（農山漁村文化協会、一九八七年）。
＊9　前掲『日本農書全集　第4巻』二四〇頁。
＊10　『耕稼春秋』の原本は、今のところは確認されていない。本書では、享保四年（一七一九）に楽木なる人物が筆写したものを使う。別の写本には、正徳四年（一七一四）に幕府の儒官・室鳩巣が序文を記したものもある。『耕稼春秋』の史料的性格について、詳しくは堀尾尚志「解題（2）」（前掲『日本農書全集　第4巻』）を参照されたい。
＊11　清水隆久「解題」（『日本農書全集　第26巻』、農山漁村文化協会、一九八三年）・同著「有沢武貞『農業図絵』写本の発見」（『石川郷土史学会々誌』第三十一号、一九九八年）。
＊12　若林喜三郎『前田綱紀』（吉川弘文館、一九六一年）。
＊13　『土芥寇讎記』（新人物往来社、一九八五年）一四〇─一四六頁。
＊14　前掲『前田綱紀』。
＊15　前掲『日本農書全集　第4巻』三五─三六頁。
＊16　改作法を中心とした江戸前期の加賀藩の農政については、おもな研究成果として、佐々木潤之介『幕

藩権力の基礎構造』（御茶の水書房、一九六四年）、高沢裕一「多肥集約化と小農民経営の自立（上）・（下）」（『史林』第五十巻第一号・第二号、一九六七年）、若林喜三郎『加賀藩農政史の研究　上巻』（吉川弘文館、一九七〇年）、坂井誠一『加賀藩改作法の研究』（清文堂出版、一九七八年）、原昭午『加賀藩にみる幕藩制国家成立史論』（東京大学出版会、一九八一年）、木越隆三「前田利常と「御改作」仰付」（『北陸史学』第五十五号、二〇〇六年）などがある。

＊17 前掲『前田綱紀』。

＊18 大石久敬『地方凡例録　上巻』（近藤出版社、一九六九年）二九頁。

＊19 池上裕子「検地と石高制」（歴史学研究会・日本史研究会編『日本史講座5　近世の形成』（東京大学出版会、二〇〇四年）。

＊20 大豆生田稔『お米と食の近代史』（吉川弘文館、二〇〇七年）。

＊21 安良城盛昭『太閤検地と石高制』（ＮＨＫブックス、一九六九年）。

＊22 村井章介「「東アジア」と近世日本」（前掲『日本史講座5　近世の形成』）。

＊23 『加賀藩史料　第5編』（清文堂出版、一九三二年）一五四―一五五頁。

＊24 高槻泰郎『近世米市場の形成と展開』（名古屋大学出版会、二〇一二年）。

＊25 前掲『日本農書全集　第4巻』二一四頁。

＊26 『耕稼春秋』には、石川郡の稲の品種は合計「八十三色」と記されているが、実際に載せられている銘柄は八十二種である（前掲『日本農書全集　第4巻』二七四―二七六頁）。

＊27 前掲『日本農書全集　第4巻』二一五頁。

＊28 岡光夫・飯沼二郎・堀尾尚志責任編集『叢書　近代日本の技術と社会1　稲作の技術と理論』（平凡社、一九九〇年）。

＊29 前掲『日本農書全集　第4巻』二七六頁。

＊30　藩法研究会編『藩法集4　金沢藩』（創文社、一九六三年）五六四―五六五頁。
＊31　「郡方産物帳」（前掲加越能文庫№一六．七〇―八）。この「郡方産物帳」を含めた加賀藩全体の稲作の概要を明らかにしたものに、安田健「加賀藩の稲作」（農業発達史調査会編『日本農業発達史　別巻上』、中央公論社、一九五八年）がある。
＊32　「シシクワズ」「雀しらず」については、小川正巳・猪谷富雄『赤米の博物誌』（大学教育出版、二〇〇八年）を参照されたい。
＊33　児玉幸多『近世農民生活史　新版』（吉川弘文館、二〇〇六年）。
＊34　有薗正一郎『近世庶民の日常食』（海青社、二〇〇七年）。
＊35　金沢市史編さん委員会編『金沢市史　資料編10　近世8』（金沢市、二〇〇三年）四一二―四一七頁。
＊36　前掲『日本農書全集　第4巻』七九頁。
＊37　前掲『日本農書全集　第4巻』一八二頁
＊38　前掲『日本農書全集　第4巻』七四頁。
＊39　嵐嘉一『日本赤米考』（雄山閣出版、一九七四年）。
＊40　前掲『日本赤米考』。
＊41　『日本農書全集　第27巻』（農山漁村文化協会、一九八一年）二五〇頁。

第二章

ヒトは水田から何を得ていたか

一　春・夏の農業・狩猟

百姓と年貢・諸役

コメが社会の中心となっていた江戸時代には、水田が一面に広がっていくこと自体が、自然や社会に大きな影響を与えていた。本章では、百姓の手によって、どのようにして水田が成り立っていたのかを明らかにする。そのためにまずは百姓とは何かということを確認しておきたい。

かつては「百姓＝農民」とみなされていたが、近年ではそのような考えは見直されている。[*1] ひとえに村といっても、農村だけではなく山村や漁村もある。たとえば、山村に狩猟で生計を立て

表2-1　寛文10年（1670）の加賀平野の年貢・諸役の例

項目	内容	備考
村名	宮丸	
立地	里方	
草高	1,825石	明暦2年（1656）に50石手上げ
免	5ツ7歩	万治元年（1658）に3歩引き上げ
小物成	鳥役25匁	鷹場につき除く

金沢市立玉川図書館近世史料館編『加能越三箇国高物成帳』（金沢市立玉川図書館近世史料館、2001年）により作成

る猟師がいたとしよう。彼らが「猟師」という身分なのかといえば違う。「百姓」なのだ。イノシシやシカなどの獣《けもの》の猟期は、おもに冬である。それ以外のシーズンはどのように暮らしていたのかといえば、彼らは焼畑《やきはた》などの農業をおこない、木の実や山菜を採集するなど、いくつもの生業《せいぎょう》を営んでいた。四季すべてを狩猟のみで生活する専業猟師はいなかったとみられている。[*2]

では、なぜ百姓身分になるのか。ポイントとなるのは農業である。将軍や大名などの領主は、検地を受けて年貢・諸役《しょやく》を納める者を、基本的には百姓とみなしていた。その検地の対象となるのは、第一章で述べたように耕地や屋敷である。したがって、農業をおこなう耕地が検地を受けて年貢・諸役を納めていれば、狩猟を営む山の民も百姓とみなされる。このように、百姓は必ずしも農民とは限らないのだ。それなら、百姓とよばれていた農民が、水田という場で稲作以外の生業を営んでいたとしてもおかしくはない。[*3]

百姓は水田を営み、年貢・諸役を納めていた。その方法は全国一律ではなかった。加賀藩のし

くみについて説明しておく。同藩が支配した村々が一覧にされた『加能越三箇国高物成帳《かのうえつさんかこくだかものなりちょう》』という史料がある[*4]。これには、村名・立地・草高《くさだか》・免《めん》・小物成などが記載されている。加賀平野の一例を表2－1に示した。これは石川郡宮丸《みやまる》村(現石川県白山市)のものである。立地の「里方」とは、農村のことをさす。石川郡の立地は里方が大半で(六十五パーセント)、次いで山方(山村)が多い(十八パーセント)。草高とは加賀藩では石高のことをさし、宮丸村の村高は千八百二十五石で、これが年貢を納めるにあたっての徴収基準高とされた。免とは年貢率のことをさす。宮丸村の場合は五ツ七歩とあり、これは年貢として村高の五十七パーセントを米で納めなければならないということである。

年貢以外にも納める諸役があった。小物成《こものなり》である。鳥役《とりやく》とは、本来は鳥殺生にともない賦課される小物成のことをさす。宮丸村では、鳥役二十五匁《もんめ》を銀納しなければならないことになっているが、武士の狩猟の場である鷹場《たかば》に指定されているため免除されていた。鷹場や鷹狩《たかが》りは本章のキーワードでもあるが、これについては後述したい。

苗代に種籾を蒔く

水田の四季を眺めていこう。

加賀平野では、早い年には二月上旬から田打ちが始まる。固くなった土を掘り返して、耕作し

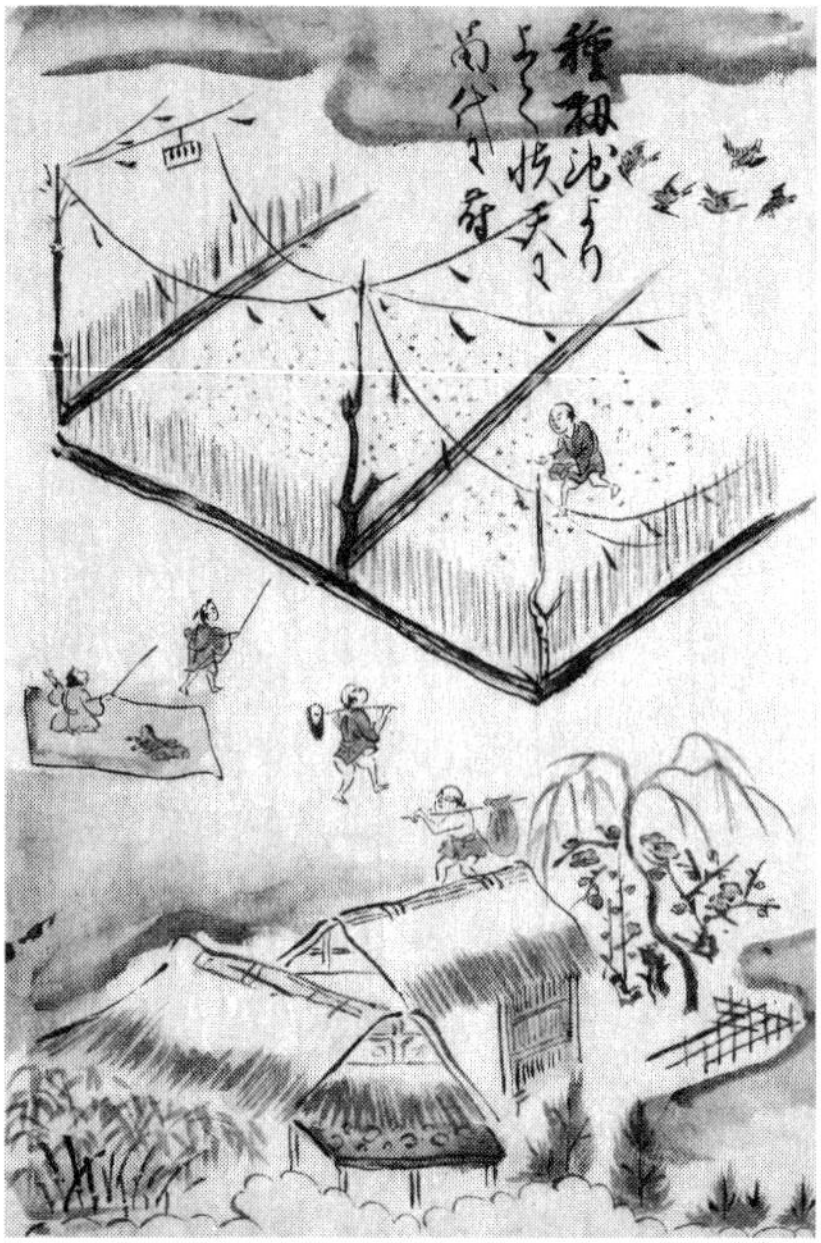

図2-1　種籾を蒔く
西尾市岩瀬文庫所蔵『耕稼春秋』より

やすくするのだ。その作業のかたわらで、苗づくりも始まる。図2－1の上部には、「種籾池より上て、快天に苗代に蒔」と記されている。右下には梅の花が咲いており、早春の二月の苗代に、百姓が種籾を蒔いている。苗代では、水の調節に注意を払わなければならない。水がなければ鳥が種籾を食べてしまうし、水を入れすぎても苗はうまく育たない。毎日、朝と夕の二度も、百姓は苗の育ち具合に適した水量になるよう調節していた。

さらに気をつけなければならないことがあった。土屋又三郎は、鳥獣害への注意を呼びかけ、次のような具体策を示す。

諸鳥又ハ獣のおとし《（威）》を苗代にする、かくし《（案山子）》又ハ所により葉竹を立て、又ハ麻《（浅）》木を繁く立、又ハ七、八尺の竹に麻糸を繁く張、或ハ鳴子を付、或ハしわ《（り）》くひ《（び）》縄を張、間に黒き物抔付置也*5

鳥や獣を威嚇《いかく》するため、苗代には、案山子《かかし》もしくは竹・浅木《あさぎ》（節などの多い雑木）の枝葉が重なりあうように立てる。または高さ七、八尺（約二・一―二・四メートル）の竹に麻糸を多く張り、あるいは音を鳴らす鳴子《なるこ》をつけるか、縄に黒い物などをつけて張るように、と。

図2―1では、百姓が蒔いている種籾をねらって小さい鳥が飛来している。早春に群がるのは繁殖期のスズメである。縄には鳴子だけではなく、黒い物がいくつもなびいているが、昔から黒という色は鳥が嫌うといわれていた。[*6] 子ども二人が棒を持って追い払おうとしている。鳥追いは子どもの仕事であった。[*7]

難敵はシカやイノシシだ。これらの獣の侵入を防ぐために、苗代のまわりには竹や雑木が並べられている。しかし、シカはこの柵《さく》くらいの高さなら飛び越えられる脚力を持っているし、イノシシは少しでも柵に隙間《すきま》があれば押し分けて入ってくることができる。こんな柵では獣を十分に防ぐことはできない。

実は、江戸時代の農村には鉄砲が預けられていた。[*8] その数は、領主が持っている数より多かったとみられている。百姓が鉄砲を持っていたのは、まさにこの獣害を防ぐためであった。[*9] 柵だけでは防げなかった獣を、百姓は鉄砲で撃っていた。しとめられた獣は食肉となり、百姓にとっての貴重なタンパク源になった。水田には、狩猟の場としての役割もあったのである。

畦での栽培

図2－2は三月で、絵の上部に描かれた桜が満開であるように、日増しに暖気がくわわる時期でもある。水田のまわりを囲む畦を築く作業が終わり、田んぼにも水が張られている。百姓は田植えをしているわけではない。右上には「塗立の畔に稗種を蒔」と記されていることから、百姓二人は水田そのものではなく、畦のそばに稗《ひえ》の種を蒔いているということがわかる。田んぼと田んぼとの間を流れる用水路では、子どもが魚を手づかみしようとしているのか。

それから五カ月後の、八月の田んぼの姿を見てみよう。図2－3では稲が実っているが、これは稲刈りの場面ではない。左上には「畔稗・田稗刈」と記されており、要は畦で栽培した稗が刈り取られているのだ。畦には熟した稗の実がたわわになっており、百姓は刈り取った稗を運んでいる。歩いているのは、前が男性で後ろが女性ということは、夫婦なのかもしれない。このように水田は畦畔《けいはん》栽培の場でもあり、今日とは違い、このような黄金色（稲）と茶色（稗）のコントラストもまた、水田の秋の色彩であった。

百姓は稗を飯として、あるいは粥《かゆ》などに調理して食べた。三食ともは米を食べられなかった百姓の食生活は、貧しいと思えるかもしれない。しかし、稗には米にはないメリットがある。たとえば長期保存が可能なので、飢饉などに備えて村人たちが拠出し、倉庫に貯蓄されることがあった。

図2-2　稗種を蒔く
西尾市岩瀬文庫所蔵『耕稼春秋』より

図2-3　稗の収穫
西尾市岩瀬文庫所蔵『耕稼春秋』より

越中国の農書『私家農業談』によれば、次のようなメリットもあるという。

稗を平日食すれハ《ば》、六腑を潤し、長寿を得るといへ《え》り、越中五箇山ハ水田なき地ゆへ《え》、多く山畠に稗を作りて、稗粥・稗炒粉を以、常の食物とせり、此ゆへ《え》にやよりけん、男女とも百歳の齢に及ふ《ぶ》者多し。*10

平素から稗を食べれば、六腑《ろっぷ》（内臓諸器官）を潤し、長寿を得るという。越中五箇山《ごかやま》は水田がないので、多くは山で稗を作り、粥や炒粉《いりこ》（炒《い》って粉にしたもの）を常食にしている。これが理由だからか、男女とも百歳まで生きる者が多い、と。

この農書によれば、男女とも上寿《じょうじゅ》を保つ者が多い地区があるそうだ。越中国五箇山（現富山県南砺市）である。現在では、世界文化遺産に登録された合掌造《がっしょうづく》り集落で有名である。水田のない、この山奥で暮らす人びとがなぜ長命なのかといえば、稗を日常の食としているからだという。稗には、体調をよくして寿命を延ばす効能があると認識されていた。

田植えに従事する人びと

加賀平野の田植えはどこでも四月中旬が真っ盛りで、遅れても下旬にはおこなわれる。女性たちが、田植え前日に苗代から苗をとって束ねておく。それを当日の早朝から、男性たちが田んぼへ運ぶ。

田植えの場面は、すでに図序－1で見た。苗を植える女性たちについて又三郎はこう語る。

> 田植る女を、惣し（じ）て小乙女と云、老若女共、田植る時、笠着て田を植る女を云、此節五月《サツキ》
> 笠・たすき・まいたれ（前垂れ）を新敷改るなり＊11

田植えをする女性を、すべて小乙女《さおとめ》（早乙女）とよぶ。老若を問わず、笠《かさ》をかぶって田植えをする女性のことをさす。この時に、新しい笠・襷《たすき》・前垂《まえだ》れ（前掛け）で容姿を整えておく、と。

図序－1に描かれた女性たちも、新調した笠・襷・前垂れを身に着けて、田植えに臨んでいたのである。彼女たちの後ろには童子《どうじ》が立っている。彼らは十歳から十四、五歳の子どもたちで、早乙女五、六人に一人がついて、束になった苗を渡す手伝いをしているのだ。

一人あたりで、どれくらいの面積の田植えができたかといえば、又三郎の試算によれば、一日で三百五十坪《つぼ》（約千百五十五平方メートル）から四百坪（約千三百二十平方メートル）、半日の場合でも急げば三百坪（約九百九十平方メートル）はできるという。かなりの重労働なので、田植えの依頼主は早乙女たちに白米の食事を用意しておかなければならなかった。そのために必要な米の量は、一人半日あたり朝食八合・田んぼへ持っていく小昼飯《こびるめし》三合・昼食八合、合計して一升九合。一日になると、一人分の合計は白米三升ほどにもおよんだ。

日本の原風景の一つとみなされる田植えの光景は、広大な面積で一斉に苗を植えるようになった新田開発の時代に、初めて一般化したのかもしれない。

ため池の役割

（一）水を温める

図2－4は、田植え後の四月に、田んぼに水を引き入れる場面である。男性がそれまで着用していた蓑《みの》と笠をとっていることから、雨あがりといえよう。つまり、雨で水位が増すタイミング

図2-4　水門を開ける
西尾市岩瀬文庫所蔵『耕稼春秋』より

を見計らって、ため池の水門を開けているのだ。

ため池には山から水が流れ込んでいる。山からの水は冷たく、田んぼに直接、水を引き入れると稲が育たない。そこで、水を溜《た》めて温めていたのである。

（二）養魚

上野国渋川《しぶかわ》（現群馬県渋川市）の農学者・吉田芝渓《よしだしけい》（一七五二―一八一一）は、みずから開墾した体験をふまえて、寛政七年（一七九五）に『開荒須知《かいこうすち》』を著した。そのなかで、彼は次のような土地の活用法を説いている。

水辺に空地ある所は、大なる池をこしらへ《（拵え）》水を堪へ《（湛え）》、鯉・鮒、其外泥鰌・鰻・鱺《（鯰）》を蓄ふ《（う）》へ《（べ）》し、是又大なる利あり……是水畜の利といふ《（う）》*12

表2-2　水田周辺の生き物が獲れる時期と口銭

生き物	捕獲期間	寛文3年（1663）の口銭
ナマズ	年中	6歩
ウナギ	年中（海ウナギ）	6歩
ドジョウ	年中	無口銭
コイ	年中（春土用に多い）	6歩
フナ	年中	8歩
タニシ	2−3月	−
川カニ	年中	−
川エビ	年中	無口銭
鳥類	−	6歩

「郡方産物帳」2（金沢市立玉川図書館近世史料館所蔵加越能文庫No.16.70-8）・「魚問屋定書并仕法方鼈料理商売人定書等」（前掲加越能文庫No.16.77-24）により作成

水辺に空き地がある所には、大きな池を造ってコイ・フナ・ドジョウ・ウナギ・ナマズを育てれば、大きな利益がある。これを「水畜の利」とよぶ、と。

山あいの沢などでため池をつくり、そこにコイやフナを育てても、三、四年もすれば一面に魚が溢《あふ》れる。だが、これは海のない上野国での話。日本海のそばの加賀平野ではどうなのだろう。表2－2によれば、石川郡でもコイやフナなどの川魚が捕獲されていることがわかる。農書『私家農業談』では、サバやイワシが「下魚」なのに対して、コイやフナは「名魚」として評価が高い。[*13] ため池は、コイやフナという「名魚」の養殖の場としての役割も果たしたのである。

ところで、水門が開かれている図2－4をよく見ると、ため池から田んぼへ向けて、水が流れている。コイやフナなどの幼魚は、その流れに乗って、ため池から田んぼへ泳いでいける。水田に移動した川魚を、どうやって捕獲するのだろう。

二　秋・冬の農業・漁撈・採集と鷹狩り

田んぼで魚を獲る

図2−5には、左上に「下旬頃、田の水戸払」と記されている。七月下旬に田んぼの水を落としている場面だ。この田んぼに実っているのは早稲で、八月から稲刈りが始まる。その準備のため、徐々に排水して土を乾燥させていく。

男性が鍬《くわ》で畦を切って放流している。ということは、ここから水田で育った魚が逃げていく。これは魚を一網打尽《いちもうだじん》にする絶好のチャンスであり、直接は描かれていないが、百姓はここに筌《うけ》を置くか、もしくは逃げ切れずに干上《ひあ》がった水田に残った魚を獲《と》ったと考えられる。*14 もともとナマズは田んぼで産卵するし、ドジョウなどもここで育つ。表2−2によれば、石川郡でナマズやドジョウは獲れていた。加賀平野の水田は、漁撈《ぎょろう》の場としても利用されていたのである。

水田で魚を獲ることが全労働時間に占める割合は、稲作よりもはるかに小さい。それでも、百姓にとっては大きな意味をもっていた。ドジョウの例をあげたい。幕末の嘉永《かえい》二年（一八四九）頃、因幡国《いなば》（現鳥取県）で『自家業事日記』が著された。作者は不明だが、家の繁栄を願って、こんな家訓が遺されている。

稲刈仕廻ニは鎌祝ひ《（い）》、神前ニ飯を備、刈上ヶ中遣候鎌不残揃、神前同様ニ食ヲ居、鰌《（どじょう）》汁ニ米の飯、濁酒を《（漉）》こし、家内一同飲喰《（食）》する事*15

図2-5　田んぼの水を落とす
西尾市岩瀬文庫所蔵『耕稼春秋』より

稲刈りが終わったら、それを祝う「鎌祝い」をする。使用した鎌も残らず揃《そろ》え、神前と同じように食べ物を供えること。そして家内一同で、ドジョウ汁と米の飯、漉《こ》した濁り酒の食事をしなさい、と。

秋の稲刈りは、四季を通じてもっとも苛酷《かこく》な農作業である。日夜、骨身を削った百姓は疲れ切っていたに違いない。このときに食されたドジョウは、どれだけ滋養が豊かで、体力回復に役立ったことか。百姓は生きていくためにも田んぼの魚を獲り、食べていたのである。[*16] さらに別の目的もあった。

水田とその周辺の生き物を一覧にした表2-2を振り返ってみよう。石川郡ではナマズ・ウナギ・ドジョウ・コイ・フナが獲られていたが、これらは売却されてもいた。寛文三年(一六六三)の魚問屋定書《さだめがき》によれば、魚問屋と商人が取り引きする時に、フナならば八歩、ナマズ・ウナギ・コイならば六歩の口銭《こうせん》を支払うことになっており、ドジョウなどは納入する必要はなかった。[*17] 口銭とは、いわゆる商業税であり、八歩ならば売却額に八パーセントを上積みして支払うのが決まりであった。百姓が獲った川魚も、商人に売却すれば現金収入を得ることができ、そういう魚も魚問屋に卸されていたことだろう。

畦豆の風景

畦に作付けされたのは稗だけではなかった。田んぼに水を入れる前の三月に、漏水を防ぐために畦を固める。畦塗りである。この時、塗りたてでまだ乾かない畦に、大豆の種を蒔いていた。これには大豆植庖丁という道具が用いられた。移植ごてのようなもので、刃先は長さ三寸(約九センチメートル)・幅二寸(約六センチメートル)。[*18] これで畦に穴をあけ、種を数粒ずつ入れて、その上から肥料となる糠《ぬか》などをかけていく。この時、うまく土で覆わないと、種は鳥に食べられてしまう。

図2－6は、大豆が育った八月の場面である。右上には「秋土用前、田畠の大豆葉引」と記されており、日差しの強いなか女性が畦で収穫しているのは豆の葉なのである。葉はウマの飼料として消費され、また集めて売却されることもあった。畦にはほかにも、小豆や、高級食材である黒大豆まで作付けされていた。青々とした豆が畦に実る。これもまた、江戸時代の田園風景だったのである。

図2-6　大豆の葉の収穫
西尾市岩瀬文庫所蔵『耕稼春秋』より

九月上旬に、大豆や小豆の実が収穫される。第一章で述べたように、大豆や小豆は米と混ぜて食べられてもいた。大豆に注目してみよう。豊後《ぶんご》国（大分県）の農家に生まれた、江戸後期の農学者として大蔵《おおくら》永常《ながつね》（一七六八－？）がいる。彼の農書『広益国産考《こうえきこくさんこう》』によれば、大豆には、次のような用途があったという。

> 扨《さて》世間《せけん》一統《とう》田《た》の畔豆《あぜまめ》とて、田《た》の畔《あぜ》に大豆《まめ》を蒔《まき》て、一年家内《ねんかない》にて用《もちふ》る味噌《ミそ》大豆《まめ》をとり、其外多《そのほかおほ》く作《つく》りてハ売《うり》て、よき価《あたひ》を得《え》る農家《のうか》あり[19]

世間では、畦豆《あぜまめ》（畔豆）といって、田の畦に大豆を蒔いて、家内で一年のうちに使う味噌《みそ》大豆を収穫する。そのほかに多く栽培して売って、よい利益を得る農家もいる、と。

畦で育てられた豆のことを畦豆とよぶ。これで自家用の味噌が作られ、あるいは商品作物として売却されれば百姓の副収入にもなった。実は、畦は検地の対象外であった。一般的に畦での作物には課税がされていなかったのである。畦豆を栽培することには、こういう事情も絡んでいたのだが、その実例は第四章でとりあげたい。

さて、又三郎と同じ石川郡では、林六郎左衛門が農書『耕作大要』を著した。彼は同書でこんなことを言っている。

> 畔ニ大・小豆ヲ植ルヲ、畔ノ物植ルト云、女子ノ仕事也[20]

畦に豆を植えることを「畦のものを植える」といい、これは女性の仕事だ、と。大豆の葉を収穫している図2－6を見直すと、やはり女性しか描かれていない。なぜ畦での作業は女性なのか、その理由は『耕稼春秋』には明記されていない。しかし、『農業図絵』全体を見れば、明らかに男女の仕事には違いがあったことがわかる。

農作業の場面では、男性はどちらかといえば力仕事が中心で、女性より多くの荷物を持つ。たとえば収穫物を運ぶ場合、男性は肩に二束《たば》かつぐのに対して、女性は一束を背負う（図2－3参照）。一方、ダイナミックな作業をおこなう鍬や鎌については、それを持つ女性は『農業図絵』にはまったく描かれていない。こうした作業に比べ、小さな移植ごてを使って畦に豆を数粒ずつ植えていく作業は、とてもデリケートな仕事である。根気のいる仕事だからこそ、それが女性にふさわしいと老農たちは思っていたのかもしれない。

稲刈りと鳥猟

秋は稲刈りで忙しい。図2－7は、右上に「夜田刈」と記されている。九月には、ともすれば日中では作業が終わらず、月明かりを頼って延々と稲刈りが続くこともある。いつのまにか満月に照らされていたことに、百姓たちは気づいたようだ。つがいだろうか、キツネもいる。

図2－8の左上には、「挟《（はざ）》多不成所ハ疇《（畦）》に積、又ハ田の中に積、又ちらしても干す」と記されている。刈り終えた稲は乾燥させなければならない。木や竹で稲架《はざ》を組み、稲を干す。ただし、

図2-7　**稲刈り**
西尾市岩瀬文庫所蔵『耕稼春秋』より

そんなに多くの稲架は組み立てられない。干せなかった分は、畦や田の上で乾燥させるしかない。ここでは、干上がった田んぼに、束ねられた稲がそのまま置かれていることから、この図に描かれているのは乾田《かんでん》であることがわかる。乾田とは水はけのよい田で、水を入れなければ乾くので、畠にすることもできる。一方、水はけが悪く、常に水が溜まっている田を湿田《しつでん》という。

絵の上方には、落穂を食べに飛来したガンの群れが描かれている。稲を並べて干す男性は、ガンがいることを、右の人物に指でさして教えてやっているようだ。その人物は細い竿を持っているが、これでどうやってガンを獲るというのか。この竿は、田んぼに何本も並べて立て、糸を張って捕らえる際に使われていた。糸には鳥もちが巻かれており、この糸に鳥が引っ掛かるのだ。ただし、人影があると鳥は逃げてしまうため、藪《やぶ》をつくってそこに入り、ひっそり隠れて待ち続けなければならなかった。水田は、鳥猟の場でもあったのである。

鳥を獲るこの竿のことを「鳥指竿《トリサシザホ》」とよぶ。これが全国的にも名を知られた加賀の特産品であったことは、諸国の名物などが集録された正保二年（一六四五）刊の『毛吹草《けふきぐさ》』に記されているとおりである。[*21] 加賀ではそれくらい捕鳥が盛んであった。しかし、図2−8で鳥を獲る人物は百姓ではない。石川郡は鷹場にされており、百姓の捕鳥は厳禁とされていたはずだからだ。彼は、鷹の餌鳥を獲る餌指《えさし》であったと考えられる。

餌指の例をあげておきたい。表2−1の宮丸村には餌指が住んでいた。頭振《あたまふり》の与兵衛と兵五郎は、「殺生人《せっしょうにん》」でもあった。頭振とは無高《むたか》農民のことで、殺生人とは狩猟や漁撈をおこなう者をさす。与兵衛と兵五郎は、銀を上納して網で鳥殺生をおこなっていた。ところが、寛文四年（一六六四）に村が鳥役免除となったのを機に、彼らは餌指となり、鳥指竿や網を使って小鳥を獲り、上級武士の飼うタカの餌《えさ》として売るようになった。十月から翌年三月までは隣の能美《のみ》郡（現石川県）でも、小鳥を

図2-8　稲の乾燥
西尾市岩瀬文庫所蔵『耕稼春秋』より

獲って売買しているという。[*22] つまり、石川郡では百姓ではなく餌指が鳥猟をおこなっていたのである。彼らは商人に鳥を売ることもできたが（表２－２参照）、タカの餌となる小鳥も獲っていた。

鳥猟は百姓の仕事にも大きな影響を与えた。たとえば安永《あんえい》三年（一七七四）には、餌指が「藪網構場等」をつくり、鳥猟が終わるまで近辺の百姓の耕作を差し止めることが禁止されている。[*23] 前述したように、餌指は藪に隠れて、飛来した鳥が糸に引っ掛かるまで待ち構えていなければならない。たとえば、カモの猟がおこなわれるのは日没後のごく短い時間なので、[*24] 餌指も水田に待機する時間は長いが、いざ猟をおこなうのは百姓の仕事が終わった夕方であった。時間帯でいえば、百姓と餌指による水田の利用が抵触することは少なかったと考えられる。

武士と鷹場

ここで鷹狩りについて説明しておこう。武士は遊興のためだけにタカを飼っていたのではない。そもそもタカは、ただの鳥ではなかったのである。

実は、タカという名の鳥はいない。タカとは、オオタカ・ハヤブサなど、タカ目《もく》のなかの中型・小型の鳥の総称なのである。大型のものはワシとよばれて区別されている。古代よりタカは権威・権力の象徴であり、タカそのものが献上されるだけではなく、鷹狩りの獲物の鳥までもが贈答品として天皇・将軍に献上され、あるいは下賜された。

とりわけ武家社会で鷹狩りが盛んだった江戸時代では、上級武士がタカを飼っていた。武士は鷹狩りでツル・ハクチョウといった大型の鳥を獲り、これらの獲物が領主のあいだで贈答品として重視されていたのである。たとえば、将軍から大名にツルが下賜されたとすると、それを拝領した大名は御礼のために江戸城へ登り、幕府の重臣を祝宴に招待した。その席で、ツルは吸い物に調理されて来客にふるまわれた。大名にとってこのような祝宴は、将軍へ恭順《きょうじゅん》の意を示す効果があったという。*25

武士であれば誰でもタカを飼えたというわけではない。タカの種類や石高に応じて飼える身分が決まっていたからだ。一例をあげると、加賀藩でオオタカを飼えるのは、延宝五年(一六七七)までは三千石以上の家臣と決まっていた。*26 それから半世紀ほど下るが、享保九年(一七二四)の場合、家臣の総数は一千百名余りで、そのうち三千石以上の家臣は四十三名、割合にして約四パーセントしかいない。*27 タカを飼うこと自体が、武士身分の格付けが高いことをも表していたわけである。

このように、タカを飼うこと、さらに鷹狩りをすることは政治的に非常に重要であったことから、田んぼの広がる平野部は鷹場に指定されることが多かった。加賀藩の場合は、城下町金沢に隣接する石川郡と河北《かほく》郡の平野部は鷹場であるという認識があった。ただし、時代によってその範囲も役割も変わっていく。ここでは天保十四年(一八四三)の石川郡について、鷹場の区域をおおまかに説明したい。

まず城下町金沢から西へ向かって伏見川までは、「年中諸殺生」が厳禁とされた。理由は、ここは藩主しか鷹狩りができないからだ。次に伏見川から西へ向かって中村用水までは、十月から翌年二月までは家臣の鷹狩りが許された。さらに中村用水から西へ向かって手取川までは、それまで家臣は十月から三月までは禁猟とされていたが、この年から年中すべて解禁となった[*28]。このように石川郡では、金沢からの遠近の違いで、鷹場としての規制の差も生じていたのである（図1－2参照。村名の色分けは規制の差を示す。金沢周辺は藩主しか鷹狩りができなかった）。

前述した鳥役は、村に狩猟をおこなう殺生人がいる場合は、彼らに上納させていたようである[*29]。だが、寛文四年（一六六四）、鷹場に指定された村では鳥役が免除された。ただし鳥役が免除されたといっても、日常では鳥についてさまざまな制約があった。たとえば、第一章で紹介した『村方一日読』によれば、鳥が死んでいれば拾って、速やかに農村行政を担当する郡《こおり》奉行に届けるように命じられている。ツルやハクチョウの場合は、鷹場の区域外であっても、届け出なければならなかった[*30]。

百姓たちの休日

かつて、百姓は、領主から厳しい年貢が取り立てられるため、働き詰めの毎日を余儀なくされていたと思われてきた。ところが、休日があった。これを「遊《あそ》び日《び》」という。正月・盆・五節句《ごせっく》や神社の祭礼といった年中行事、さらには農作業が一段落したときに休んでいたのである。その日数は、年間二十日から三十日ほどといわれている。十八世紀後半以降は、暮らしの変化にともなってさらに日数が増えていった。あわせて、芝居の興業などの娯楽も普及した。百姓は余暇を楽しんでもいたのである。*31

図2-9　蔵入り
西尾市岩瀬文庫所蔵『耕稼春秋』より

『農業図絵』でも、百姓の休日の場面を見てみよう。図2-9の右上には、「稲蔵入して少祝」と記されている。乾燥させた稲を蔵の中に運び入れたら、少し休日を楽しみ、疲れた体を癒《いや》すのだ。この場面について、土屋又三郎はこう語る。

稲不残家へ取入る刻、蔵入とて少し祝ふ《（う）》、にごり酒肴には塩鰯様の物也*32

稲を残らず取り入れた時には、

「蔵入り」といって少し祝う。濁り酒で、肴《さかな》には塩鰯《いわし》のようなものをつまむ、と。たしかに、図2-9の屋内では、男性たちが酒を飲んでいる。

これに対して、女性は酒を勧めているだけだ。『農業図絵』に描かれている男女に、仕事内容の差があることは先述した。休日の場面では、男性は酒を飲み、煙草《たばこ》を吸うなどして余暇を楽しんでいるのに対し、女性はご馳走《ちそう》の準備や配膳《はいぜん》などで忙しくしている。ただ、老女が喫煙している場面が一つだけあることは書き添えておこう（本書の帯参照）。

次に屋外を見ると、賑《にぎ》やかな場だからか、突然の来訪者もいる。右側の人物は、その身なりから判断して乞食《こじき》だろう。女性が食事のお裾《すそ》分《わ》けをしているようだ。乞食を救済するシステムもあったが、これについては第四章で述べたい。

湿田への水入れ

十月に年貢を納めたことで、田んぼでの作業が終わるわけではない。

図2-10は、十月の水田を描いたものである。二人の百姓は冷たい水に入っている。左上には「沼田の水戸明、田へ水を仕込」と記されていることから、湿田の水口《みずぐち》を開けて、鍬で水を取り入れているのだ。さらに養分を含んだ土も入れることで肥料とし、来年へ向けて土壌の質を高めようとしている。簑と笠は、防寒だけではなく雨具としても着用しているのだろう。とすれば、

この場面は雨天であり、雨で水位が増した時に水口を開けているとみてよい。田んぼを見ると、湿田には水溜まりがあり、そこにサギ・ガン・カモが群がっている。目を凝《こ》らすと、サギの一羽は水溜まりから何かをついばんでいる。サギの餌となる、水田に棲息《せいそく》しているものとしては、ドジョウやタニシなどが考えられる。絵には描かれていないが、水溜まりには、これらの生き物がいたとみてよい。

ドジョウは一年を通じて、タニシは二月から三月にかけて獲られていた（表2－2参照）。春先になると水が温かくなり、タニシが泥の中から顔を出す。だから獲ることができるのだ。おそらく稲刈り後にも、転がっているタニシを拾うことができたであろう。春先にタニシを獲る様子は、天保十四年（一八四三）に著された武蔵《むさし》国の絵農書『老農夜話《ろうのうやわ》』にも描かれている。[*33] 百姓は農間余業として、タニシを拾って食べていた。

図2-10　湿田への水入れ
西尾市岩瀬文庫所蔵『耕稼春秋』より

水田はこうした採集の場でもあったのである。

上田に生《ず》する田螺ハ至てふとく《太》、下田の磽土に生《ず》するハ、其形ちいさく《小》殻も薄しといへり《え》*34

上質の田にいるタニシは太く、質の悪い磽土《こうど》（やせた土地）にいるタニシは小さく殻も薄いという、と。これは『私家農業談』に記された土壌の質の見分け方であり、タニシの大小が土質の良《よ》し悪《あ》しの判断基準となっていたことを表すものである。

三　根源としての水田

多岐にわたる生業

江戸時代の水田が、どのような場だったのかをまとめよう。そこでは百姓の手によって農業が営まれていた。その中心は稲作であったが、それのみに特化されていたのでもない。田んぼでも畠作として、おもに大麦・小麦・菜種が作付けされていたからだ。二毛作《にもうさく》である。

図2−11の左上には、「大麦田に蒔」と記されている。稲刈り直後の九月下旬から、大麦の種蒔きが始まっていた。一冬を越して春に麦を刈り、その後は畠を水田に戻して稲づくりをする。又三郎は米だけではなく、大麦・小麦についても、次のように称賛していた。

都鄙是を作る事専なる故、麦の多事甚古へ《え》に勝れり、去ハ《ば》今民の養の助となる事、是につぐ物なし、実にめで《で》たき穀物也*35

図2−11 大麦の種を蒔く
西尾市岩瀬文庫所蔵『耕稼春秋』より

都会や田舎でも、麦の栽培が盛んとなり、昔と比べて抜きんでて増えている。それゆえ、今の世では民の暮らしの助けとなる点では、これに次ぐものはない。実にめでたい穀物だ、と。

麦は百姓の食料、日々の糧となっていたのだ。菜種の栽培も盛んで、加賀平野のなかでも、とりわけ石川郡では多く作られ

表2-3　水田をめぐる百姓の生業

種類		年貢として納める産物	年貢・諸役を補完する産物	自給するための産物
農業	稲作	米	ー	米（大唐米も含む）
農業	畠作	ー	菜種	大麦・小麦・菜種
農業	畦畔栽培	ー	大豆・小豆	稗・大豆・小豆・黒大豆
狩猟		ー	ー	イノシシ・シカ
漁撈		ー	ナマズ・ウナギ・ドジョウ・コイ・フナ	ナマズ・ウナギ・ドジョウ・コイ・フナ・川カニ・川エビ
採集		ー	ー	タニシ

ていた。麦と同じように、菜種も稲刈り直後に種が蒔かれ、四月下旬に刈り取られる。種は売却することによって百姓の現金収入となり、種を落としたあとの茎は燃料として利用されていた。

水田は、狩猟・漁撈・採集の場としても利用されていた。あくまでも副次的な利用形態であったが、獣害を防ぐ狩猟の結果として、イノシシやシカが食されていたのである。重視されていたのは、いかに鳥獣害を防ぐかであった。獣類が棲息するのは山間部だから、狩猟は里山に近い水田でのみ可能であった。

加賀平野は鷹場であったため、百姓の鳥猟は禁じられていた。しかし、鷹場に指定されていない区域では捕鳥が許されていたため、百姓のなかには鳥猟に従事して暮らす者もいたのかもしれない。

以上の水田をめぐる生業のしくみをまとめたのが表2－3である。百姓にとって、年貢・諸役を納めるうえで主たる生業が稲作であるのは間違いない。畠作・畦畔栽培や漁撈の産物は商品として売買され、換金すれば年貢・諸役の上納の足しにもなっていた。

水田の副次的な利用者

これまで見てきた『農業図絵』では、四季の水田に百姓と餌指が登場した。しかし、この絵には描かれていない人たちも田んぼを利用していた。

まず、狩猟や漁撈をおこなう殺生人も利用者だった。彼らがどのような存在なのか、史料上にはあまり現れないので、その詳細はわからない。おそらく、農業を営みながら狩猟あるいは漁撈でも生計を立てていた者なのだろう。幕末の嘉永元年（一八四八）、石川郡の山に入った村々では、「狩人共」が鉄砲にて獣や作物を荒らすキジ・ヤマドリ・ハトなどの鳥を捕らえることが許されている。*36 百姓は鉄砲を持って獣害を防いだが、それ以外にも狩人《かりうど》（殺生人）が、雪が積もっていない春から秋にかけて、水田などの作物に被害を与える鳥獣類を捕獲していた。もちろん、これが許されているのは鷹場の範囲外の区域である。

漁撈を生業とする殺生人もまた、水田および用水路を利用した。天明六年（一七八六）には、早春の「水戸脇幷川之内」での漁で川魚が減少しているため、正月から四月にかけて網を引くことが禁じられている。*37 早春は魚の動きが鈍く、しかも幼魚が育つ季節であるため、網を使うと魚が減ってしまうから禁止されたのである。魚が減ると何がいけないのか。コイやフナが獲れなくなってしまうのも問題だが、魚を餌とする鳥たちもいなくなる。そうなれば、武士の鷹狩りにも支障をきたす。

ため池だけではなく水田も、コイやフナなどが育つ養魚場のようなものである。田んぼと用水路をつなぐ水戸も絶好の漁場であった。このため、石川・河北郡の「田地・用水・川縁」に殺生人が多く入り込み、作物や「畦大豆」などを踏み荒らしていた。それを防ぐために、文政元年（一八一八）には、作物が実る七月から九月まで、彼らが立ち入ることが禁止されている。[*38] 年中ではなく一時的なものだったが、農繁期の漁撈も百姓にとっては迷惑な生業だった。

次に、上述したように武士も利用者だった。明和三年（一七六六）頃、伏見川から中村用水にかけては、毎年十月から翌年二月まで家臣の「鷹并雉子突・指竿」、つまり鷹狩りとキジを獲ることなどが許されていた。[*39] キジをどうやって獲っていたのかは定かではない。ひょっとしたら勢子《せこ》が棒でキジを追って獲ったり、追われたキジをタカに獲らせたりしていたのかもしれない。田んぼで武士は、鷹狩りをして鍛錬に励むだけではなく、鳥猟も楽しんでいたのである。とはいえ、こういう狩りができるのも、基本的には上級武士に限られていたことだろう。

寛政十年（一七九八）には、フナやナマズなどを釣る武士や町人が「用水・溜・江・川々」で作物を踏み荒らすなど百姓が迷惑しているとして、このような行為が禁じられている。[*40] 水田の側《そば》を流れる用水路などで、武士や町人がレクリエーションとして釣りを楽しんでいたのである。たとえば、百姓が水口で作業をしている図2－10のような場所に、殺生人が網を仕掛け、あるいは釣りをしに武士や町人がやってきたのかもしれない。

武士系テリトリーと百姓系テリトリーとの相克

稲作以外の生業を含めて、水田の生業をどのように評価すればよいのか。まずは、一つひとつの生業が持つ意味を見直してみる方法がある。たとえば、田んぼから魚を獲ることは、百姓にとってレクリエーションの意味をもっていただろう。しかし、それを楽しむために稲作をおこなっていたとは思えない。やはり本業は稲作であり、汗水たらして働いたからこそ、漁撈も楽しみのひとつにできたのではなかろうか。

もうひとつ、兼業農家としてみる方法もある。現在の日本では、会社で働きながら農業経営もおこなう、いわば二足《にそく》の草鞋《わらじ》を履く兼業農家が多い。だがこちらの方はサラリーマンとしての収入が主で、これに大きく依存することで農業経営は成り立っている。加賀平野の百姓には、農業以外に、彼らの生計をささえるような経営母体はなかった。メインはあくまでも農業なのだ。今日の兼業農家とは本質が違う。

水田の四季を振り返ってみよう。田んぼを利用していたのは百姓だけではなかった。餌指・殺生人・武士・町人も利用者だったのである。水田からヒトが何を得ていたかを評価するにあたっては、彼らのことも含めて考えるべきである。レクリエーションとしての利用は、生業ではないので除外するとして、水田という場を腑分《ふわ》けすれば、次のような二系統をとりだすことができよう。

武士系テリトリー（空間）＝（主）鷹狩り
（副）鳥猟
百姓系テリトリー（平面）＝（主）農業（稲作・畠作・畦畔栽培）
（副）狩猟・漁撈・採集

江戸時代の水田では、稲作がおこなわれる地平面だけではなく、その上空も利用されていた。平面をおもに利用していたのは百姓である（百姓系テリトリー）。一方、上空の空間をおもに利用していたのは武士である（武士系テリトリー）。それらのうち、武士系テリトリーの鷹狩りと百姓系テリトリーの農業が、それぞれのテリトリーの生業の中心であった。鷹狩りは生業か、という疑問があるかもしれないが、上述したように鷹狩りは武家社会において非常に重要であり、それをおこなうことで上級クラスの家臣は武士として成り立つことができたのだから、彼らにとっては生業のひとつであるとみなせよう。

武士系テリトリーで営まれる生業には、餌指による鳥猟も含まれる。タカの餌となる鳥も、水田の上空で獲られていたからである。一方、百姓系テリトリーでは、百姓らによって狩猟・漁撈・採集もおこなわれていた。とくに狩猟と漁撈については、その土地が鷹場かどうか、あるいはタカの餌となる鳥が棲息できる環境が保たれているのかどうかによって事情が変わった。たとえば、発砲すれば鳥が逃げてしまい、鷹狩りができなくなってしまうので、鷹場では狩猟が許されなかったわけである。このように、百姓系テリトリーの生業が、武士系テリトリーの生業に制約されることもあった。

江戸時代の百姓は、みずからの水田を自由に使うことはできなかった。これらの二系統は時と場所によってせめぎ合い、あるいは折り合いをつけながら、平面と空間それぞれで、さまざまな身分による生業が営まれていた。こうしてヒトは、水田から生業を得ていたのである。

そこに見え隠れするのは生き物たちの姿だ。次章では、水田の生き物が形づくっている生態系に注目しよう。

註

＊1　網野善彦『日本中世の民衆像』（岩波新書、一九八〇年）を始めとした彼の一連の著作が、その代表例といえよう。

＊2　拙稿「山方の百姓」（後藤雅知編『身分的周縁と近世社会1　大地を拓く人びと』、吉川弘文館、二〇〇六年）。

＊3　江戸時代の研究者・深谷克己は、同著『百姓成立』（塙書房、一九九三年）において、百姓経営が成り立つためには、農業以外の諸稼ぎが果たしている役割が大きいと指摘する。

＊4　金沢市立玉川図書館近世史料館編『加能越三箇国高物成帳』（金沢市立玉川図書館近世史料館、二〇〇一年）。

＊5　『日本農書全集　第4巻』（農山漁村文化協会、一九八〇年）三八頁。

＊6　藤岡正博・中村和雄『鳥害の防ぎ方』（家の光協会、二〇〇〇年）。

＊7　菊池勇夫『東北から考える近世史』（清文堂出版、二〇一二年）。

＊8　塚本学『生類をめぐる政治』（平凡社、一九八三年）。

＊9　拙著『鉄砲を手放さなかった百姓たち』（朝日選書、二〇一〇年）。

＊10　『日本農書全集　第6巻』（農山漁村文化協会、一九七九年）九二―九三頁。

＊11　前掲『日本農書全集　第4巻』五一頁。

＊12　『日本農書全集　第3巻』（農山漁村文化協会、一九七九年）一七五頁。

＊13　前掲『日本農書全集　第6巻』三七頁。

＊14　水田漁撈も含めた水田の生業については、民俗学者の安室知による一連の研究、たとえば同著『水田をめぐる民俗学的研究』（慶友社、一九九八年）・同著『水田漁撈の研究』（慶友社、二〇〇五年）・同著『日本民俗生業論』（慶友社、二〇一二年）に詳しい。

＊15 『日本農書全集　第29巻』（農山漁村文化協会、一九八二年）一五〇頁。
＊16 加賀平野で川魚が食されていたことは、「日本の食生活全集　石川」編集委員会編『日本の食生活全集17　聞き書石川の食事』（農山漁村文化協会、一九八八年）も参照されたい。
＊17 「魚問屋定書幷仕法方暨料理商売人定書等」（金沢市立玉川図書館近世史料館所蔵加越能文庫№一六・七七―一二四）。
＊18 前掲『日本農書全集　第4巻』二九六頁。
＊19 『日本農書全集　第14巻』（農山漁村文化協会、一九七八年）二三三頁。
＊20 『日本農書全集　第39巻』（農山漁村文化協会、一九九七年）二七二頁。
＊21 『毛吹草』（岩波文庫、一九四三年）一七五頁。
＊22 金沢市史編さん委員会編『金沢市史資料編10　近世8』（金沢市、二〇〇三年）六九九―七〇一頁。
＊23 「御餌指方旧記」（前掲加越能文庫№一六・四五―九四）。
＊24 田辺悟『網』（法政大学出版局、二〇〇二年）。
＊25 大友一雄『日本近世国家の権威と儀礼』（吉川弘文館、一九九九年）。
＊26 前掲『金沢市史資料編10　近世8』七〇一―七〇二頁。
＊27 「〔享保九年士帳〕」（前掲加越能文庫№一六・三〇―四三）。
＊28 前掲『金沢市史資料編10　近世8』六九四―六九六頁。
＊29 前掲『金沢市史資料編10　近世8』三一二―三一六頁。
＊30 前掲『金沢市史資料編10　近世8』四一二―四一七頁。
＊31 古川貞雄『増補　村の遊び日』（農山漁村文化協会、二〇〇三年）。
＊32 前掲『日本農書全集　第4巻』六四頁。
＊33 『日本農書全集　第71巻』（農山漁村文化協会、一九九六年）一八―一九頁。

＊34　前掲『日本農書全集　第6巻』一一二頁。
＊35　前掲『日本農書全集　第4巻』二二九頁。
＊36　「石川郡山入村々之内作物ニ障候鳥類等打捕申村名書上申帳」（前掲加越能文庫№一六、七三―一四）。
＊37　前掲『金沢市史資料編10　近世8』九五―九六頁。
＊38　藩法研究会編『藩法集4　金沢藩』（創文社、一九六三年）二二四―二二五頁。
＊39　前掲『藩法集4　金沢藩』二一四頁。
＊40　前掲『金沢市史資料編10　近世8』九六頁。

第三章
ヒトと生態系との調和を問う

一　水辺の生き物たち

なぜ生態系を復元するのか

前章では、水田をおもにヒトの視点からみてきた。本章では、生き物の視点にたって水田をめぐる生態系を描き出すことを試みたい。[*1]

なぜ生態系を復元するのか。〝水田〟という表現は、ヒトの視点にたった見方でしかない。生き物の眼からみれば、〝水辺〟にすぎないからだ。現に、これまで『農業図絵』をとおしてサギやガンなどの姿を見てきたが、鳥たちの眼にとってもそうであっただろう。

表3-1　『農業図絵』のなかの水田の景観の要素

景観の要素	登場回数	登場する頻度(%)
畦・道	65	98.5
小川・池・沼	18	27.3
蛇　籠	1	1.6
橋	6	9.1
農　家	6	9.1
立木・雑木林	23	34.9
神　社	3	4.6
草　地	12	18.2
山・丘	9	13.7

西尾市岩瀬文庫所蔵『耕稼春秋』により作成
登場する頻度（%）＝登場回数÷66（水田の全場面数）×100。

仮に、ヒトの手によって成り立っていた水田の生物相が豊かであれば、ヒトと自然とが調和していたといえよう。その「調和」とはどのような状態をさすのか、それは新田開発とどのような関係にあったのかについても考えてみたい。

とはいえ、生き物というのは江戸時代の史料上にはあまり現れない。『耕稼春秋』にも、記されている生き物は少ない。一方、絵画資料である『農業図絵』には、農作業をする百姓のかたわらに、いろいろな生き物たちが描かれている。そこで『農業図絵』に登場する生き物を中心に水田の生態系を復元していくことにしよう。

表3－1には、『農業図絵』で水田とともに描かれた景観の要素を一覧にした。水田は合計で六十六場面あり、畦・農家などの要素がそれぞれどれくらいあるのか、その要素が水田の全場面のうちどれくらいに登場するのかも示した。

一般的に水田とは、畦で囲まれた湛水のできる農地のことをさし、用水路や排水路が不可欠で、日本では森林が水源地となっている。表3－1を見ても、畦・道がほぼ百パーセントと、もっとも描かれる頻度が高い。これらは、百姓が家から田んぼへ向かう通路としての役割も果たしていた。用水路・排水路となる小川や池・沼も三割弱で描かれている。立木や雑木林はそれよりも多く、山・丘も一割強で登場するので、これは水源地としての森林が確保されていたことを意味しよう。

したがって、水田の景観の基本的な構成要素は、水田から近い順に並べれば「水田―畦・道―小川・池・沼―立木・雑木林―草地《くさち》―山・丘」となる。草地とは草の生えている土地のことをさす。草は重要な肥料となっていたのだが、詳しくは後述する。加賀平野では、水田のみが一面に広がっていたのではなく、畦・小川・立木・山などが入り混じったモザイク状の景観が一般的だった。このなかに、どのような生き物が棲息していたのだろうか。

苗代の食物連鎖

田植えをする準備段階の、苗代の生物相から確認していこう。図3―1は、早春の二月の苗代に種を蒔く場面の一部である（図2―1の一部）。鳥や獣たちにとって、冬場は食べ物がどうしても少ない。春先の苗代は絶好の餌場にみえた。種籾をねらってスズメが飛来している。獣害を防ぐために、苗代は柵で囲まれていた。百姓が鉄砲で獣を駆除していたことは第二章で述べた。雑食性のイノシシは、たとえばカエルや昆虫を食べるために、草食のシカは種籾をねらって、苗代に入り込んできた。

図3-1　種籾を蒔く（部分）
西尾市岩瀬文庫所蔵『耕稼春秋』より

今日では見かけない動物としては、こんな生き物が苗代に出没したことが、越中の農書『私家農業談』に記されている。

蛙け《（毛）》子をなせは《（ば）》夜中獺入てあらす《（荒）》事なり、蛙子にハ灰を撒けハ《（ば）》、獺入らぬなり*2

カエルが毛子《けご》（孵化《ふか》したばかりの稚魚）を産めば、夜中にカワウソが入って荒らす。毛子に灰を撒《ま》けば、カワウソは入ってこない、と。

カエルが産む毛子というのは、具体的にはオタマジャクシのことをさす。オタマジャクシが産まれると、それを食べにカワウソが夜の苗代に入って苗に被害を与えていた。灰を撒くと、その灰でオタマジャクシが動けなくなり死んでしまうからか、カワウソは入ってこない。春先には、イノシシ・シカだけではなく、カワウソも苗代に出没していたのだ。

苗代をめぐっては、どのような食物連鎖が成り立っていたのか。これまであげてきた生き物の食物連鎖《しょくもつれんさ》を図解したのが図3－2である。苗代には水が張られているので、ここにカエルが産卵してオタマジャクシが孵化する。これをカワウソがねらう。カエルがいるということは、ヘビも草地から移動してきたであろう。今度は、ヘビやカエルあるいは昆虫をねらってイノシシが侵入する。一方、ヒトが苗代に種籾を蒔くので、それをついばむためにスズメなどの鳥が飛来し、あるいはシカが野山から降りてくる。

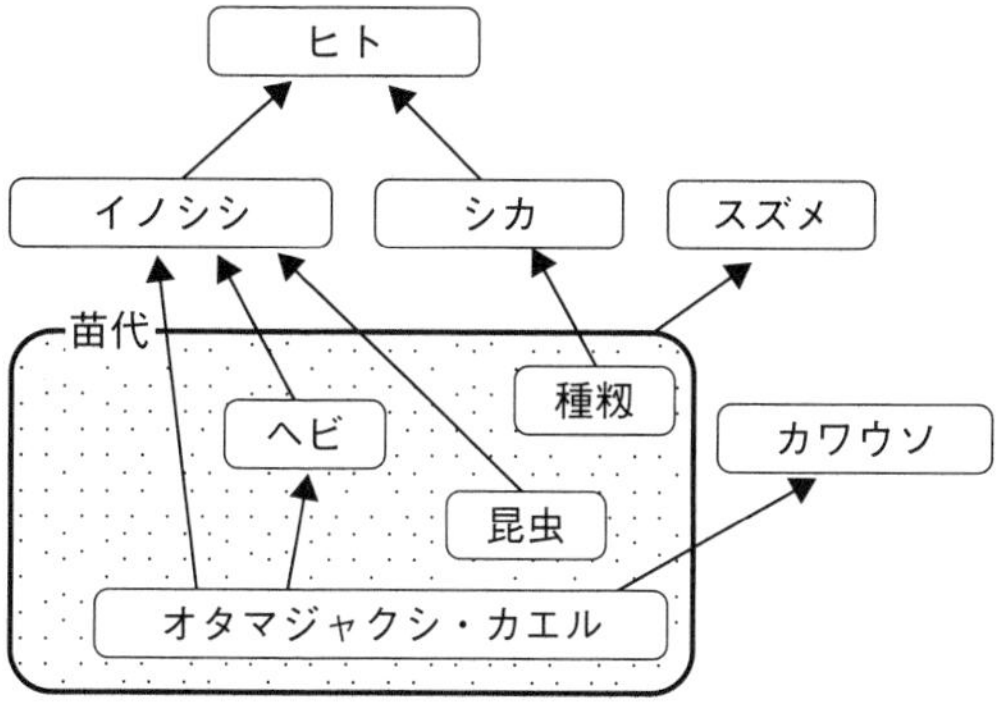

図3-2　苗代の食物連鎖

図3－2では、スズメに捕食者がいない。だとすれば、スズメは大繁殖して、苗代は被害を受ける一方でしかなかったのか。図3－1の苗代でも、かよわいはずのスズメが、あえて大きく描かれているのは、それだけ警戒されていたからかもしれない。しかし、幕末の文久二年（一八六二）に書かれた、稲の有用性を子どもたちに教えるための往来物《おうらいもの》『米徳糠藁籾用方教訓童子道知辺《こめとくぬかわらもみもちいかたきょうくんどうじみちしるべ》』には、こんな配慮が示されている。

一粒《りう》たりとも麤末《そまつ》ならぬ様に、若《もし》、誤《あやまつ》て人間食料《にんけんしょくりやう》にならぬ時は、雀《すゝめ》の餌《ゑ》に与《あた》ふ《(う)》へ《(べ)》し、雀《すゝめ》は餌《ゑ》さし《(指)》に取《と》られ短命《たんめい》なれハ《(ば)》と申諺《ことハさ》も承《うけ玉ハ》り及《をよ》ふ《(ぶ)》*3

米は一粒たりとも粗末にしてはいけない。もし食料にならない時には、スズメに与えなさい。なぜなら、「雀は餌指に捕られて短命である」という諺《ことわざ》があるくらいだから、と。

加賀平野が鷹場に指定されていたことは先述したが、藩主および上級家臣が鷹狩りをおこなうためには、当然ながら日常でタカを飼っておく必要がある。幕府の例では、餌としてスズメが多く用いられていたことがわかっている。[*4] 加賀藩でも餌指が獲ったスズメはタカの餌食《えじき》となっていたであろう。つまり、スズメにもヒトという天敵がいたことになり、よって、スズメが大繁殖することはなかったと考えられる。

高次の捕食者はヒトである。苗代を守るためにイノシシやシカを鉄砲で駆除し、しとめた獣を食肉としていたからである。苗代では、ヒトを高次の捕食者とした生態系が形成されていた。

水田の生き物たち

四季を通じて水田の景観も変化していく。ここでは第二章の農作業の場面も振り返りながら、どのような生き物が棲息していたのかを確認していこう。

(一) カラス・サギ・ウナギ・カニ (二月)

苗代で苗を仕立てるのと同時に、田んぼでは田植えに向けての準備も始まる。図3-3の左上には、「堀・江・川の泥上て、田畠の育に仕る」と記されている。養分を含んだ川の土を田んぼにあげて、土壌を改良するのである。このような作業を客土《きゃくど》という。

ここに、どのような生き物がいるのだろう。まずは水田のなかにカラスが見える。ちょうど春からの繁殖期に備えて、雪が解けて芽を出した植物やうごめき始めた虫などを食べているのか。

次に、水田になくてはならない小川（用水路）に注目しよう。上方には、竹などで編んだ籠《かご》のなかに石が詰められた蛇籠《じゃかご》が並べられている。これは、川の流れを緩《ゆる》やかにし、土手を守るために置かれたものだった。その蛇籠のそばには、シラサギが群がっている。

図3-3　客土
西尾市岩瀬文庫所蔵『耕稼春秋』より

> 泥穴のうなぎの釣方、又溜水地方見へ《え》過たる時、穴を見付たらバ、横穴の口あるは魚居るなり、穴の口真向に見ゆるは魚居ず[*5]

泥穴のウナギの釣り方については、ため水の底が見えて横穴があれば、そこに魚がいる。穴の口が正面に見える場合には、魚はいない、と。

右に示したのは、一八四〇年代に釣師・黒田五柳が著した釣りの手引書『釣客伝《ちょうきゃくでん》』の一文である。ウナギを釣るには、ため池などに横穴があれば、そこに魚がいるという。

これを図3-3の場面にあてはめるとどうなるのか。蛇籠のなかには石が積まれているが、石と石との隙間は横穴にもなる。そこにウナギなどの魚やカニが姿を隠す。それをねらって、サギが飛んで来るのだ。ウナギやカニも一時的に田んぼに棲息する生き物なので、蛇籠を拠点にしながら田んぼにも遡上《そじょう》したと考えられる。ウナギのような川魚は、サギ以外にも捕食された。第二章で述べたように、それはヒトであった。

（二）キツネ（六月）

暑気が激しくなるにつれ、稲の管理も忙しくなる。図3-4の右の絵の右上には「松任辺干田する」と記されていることから、松任（現石川県白山市）周辺の田んぼの様子が描かれており、百姓は肥料を撒いている。「干田」とは、田んぼから一時的に水を抜く、中干《なかぼ》しのことをさす。中干しをすれば、稲の根に酸素が届き、肥料の吸収もよくなるので、稲がぐんと育つ。その半面、通常よりも肥料を多く撒かなければならなくなるので、誰もが実施しているわけではない。よって、図3-4の田んぼの地表は乾いており、百姓がばら撒いているのは下肥だろう。

一方、左の絵の右上には「麦・菜種田段々中打して草取」と記されている。ここは二毛作の田

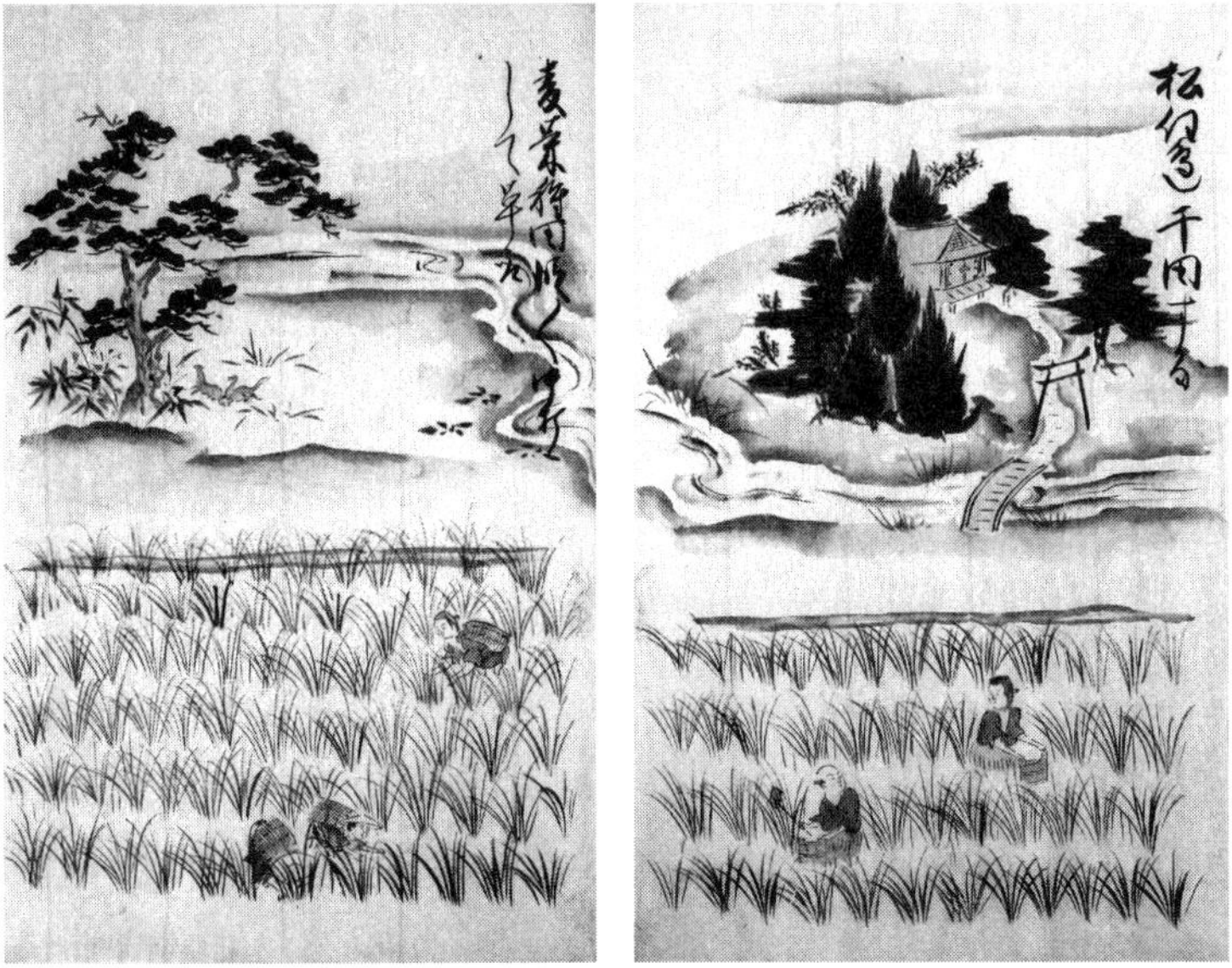

図3-4　中干しと除草
西尾市岩瀬文庫所蔵『耕稼春秋』より

んぼで、麦や菜種を作った跡に、稲が育てられている。前述したように、稲の収穫を終えたあとの水田では、次に作付けするまでのあいだに、麦や菜種が栽培されていた。図3-4の百姓は、稲と稲との間で草取りをしている。常に腰を曲げての除草は、かなりの重労働だったに違いない。

田んぼは畦に囲まれ、水路の側《そば》には土手があり、橋を渡ると雑木林のなかに神社がある。村の氏神であろう。左の絵を見ると、松の下の草地につがいのキツネがいる。氏神とキツネがセットで描かれているので、これは稲荷《いなり》信仰を表す。『農業図絵』では、稲刈りとともにキツネも描かれていた（図2-7参照）。この場面は、五穀豊穣《ごこくほうじょう》を祈願しているのだろう。*6

明治末から大正にかけて加賀平野では耕地整理が進んだが、それ以前は小さな丘がいたるところにあり、樹木が生い茂りキツネやタヌキも棲《す》んでいたという。*7 田んぼにいる小動物や昆虫などをねらって出没していたのかもしれない。加賀平野では、キツネは村人たちにとって身近な生き物であった。

図3-5　湿田への水入れ（部分）
西尾市岩瀬文庫所蔵『耕稼春秋』より

（三）ガン（九月）

刈小田に友よび（呼）かは（交）しかり（雁）かねハ羽袖つら（連）ねて落夕暮*8

稲刈りをしている夕暮れの田んぼに、仲間をよんだガンたちが羽を連ねて舞い降りてくる。陸《む》奥《つ》国二本松《にほんまつ》藩の外木幡《そとこはた》村（現福島県二本松市）の百姓・郷保与吉《さとほよきち》は、農書『田家すきはひ袋　耕作稼穡八景』をまとめた。記述したのは、幕末の安政《あんせい》四年（一八五七）頃とみられる。そのなかで和歌をとおして、みずからの農業経験を伝えている。右は、そのなかの一句だ。

加賀平野でも、九月の田んぼでガンが羽を休めていた（図2-8参照）。稲を刈り終えると、これまで稲に隠れていた昆虫や落ち穂などがよく見える。これらを食べようとして、ガンが舞い降りるのだ。そのガンを餌指が捕らえようとしていた。ということは、ガンはヒトに捕らえられ、タカの餌食にもなった。

(四) サギ・ガン・カモ(十月)

図3-5は、晩秋の湿田に百姓が水入れをしている場面の一部である(図2-10の一部)。サギやガンと並んで、左端にカモがいる。カモもまたガンと同じように、田んぼに落ちた籾や雑草などを食すので、稲刈り後にも多くのカモが飛来したことだろう。

水田の食物連鎖

ほかにも水辺の生き物はいた。表3-2には、『農業図絵』に描かれている水田の生き物を示している。このなかのウマ・イヌ・ウシは農家で飼われる家畜であるので、ここでは除外して考えよう。カラス・キツネ・スズメ・サギ・ガン・カモが棲息していたことは、すでに確認済みである。これらは岩瀬本にもとづくデータだが、桜井本には飛んでいるキジが描かれた場面も一つある(図3-6参照)。石川郡は鷹場であるため百姓の捕鳥は禁じられていたが、武士はタカでツルやハクチョウなどを狩り、キジを捕ることも許されていたことは第二章で述べた。加賀平野では、キジも棲息し、ヒトが捕食者となっていたのである。

表3-2 『農業図絵』のなかの水田をめぐる生き物

生き物	登場回数	登場する頻度(%)
ウ　マ	12	18.2
カラス	3	4.6
イ　ヌ	3	4.6
キツネ	3	4.6
スズメ	2	3.1
サ　ギ	2	3.1
ウ　シ	2	3.1
ガ　ン	2	3.1
カ　モ	1	1.6

西尾市岩瀬文庫所蔵『耕稼春秋』により作成
登場する頻度(%) =登場回数÷66(水田の全場面数)×100。

図3-6　キジ(桜井本・部分)
個人蔵『加賀農耕風俗図絵』より

『耕稼春秋』にまで視野を広げれば、ほかに二種類いる。まずコウノトリが棲息していたが、これについては後述したい。次はモグラである。やわらかく湿った畦はミミズや昆虫が多いので、これを餌とするモグラにとっては絶好の棲息地となった。しかしモグラが掘った穴は漏水の原因となるため、加賀平野では、竹あるいはススキで簾《すだれ》を編んで畦に埋め、「土豹(龍)止」にしていた。[*9] このようにヒトにとって、モグラの印象は悪い。

たとえば、幕末の慶応元年(一八六五)頃に『農具揃《のうぐせん》』を著した飛騨《ひだ》国箕輪《みのわ》村(現岐阜県高山市)の篤農家・大坪二市《おおつぼにいち》(一八二七―一九〇七)は、田んぼを荒らすモグラを捕るにはいろいろな方法があると述べ、人びとの嫌悪の情を記録していた。

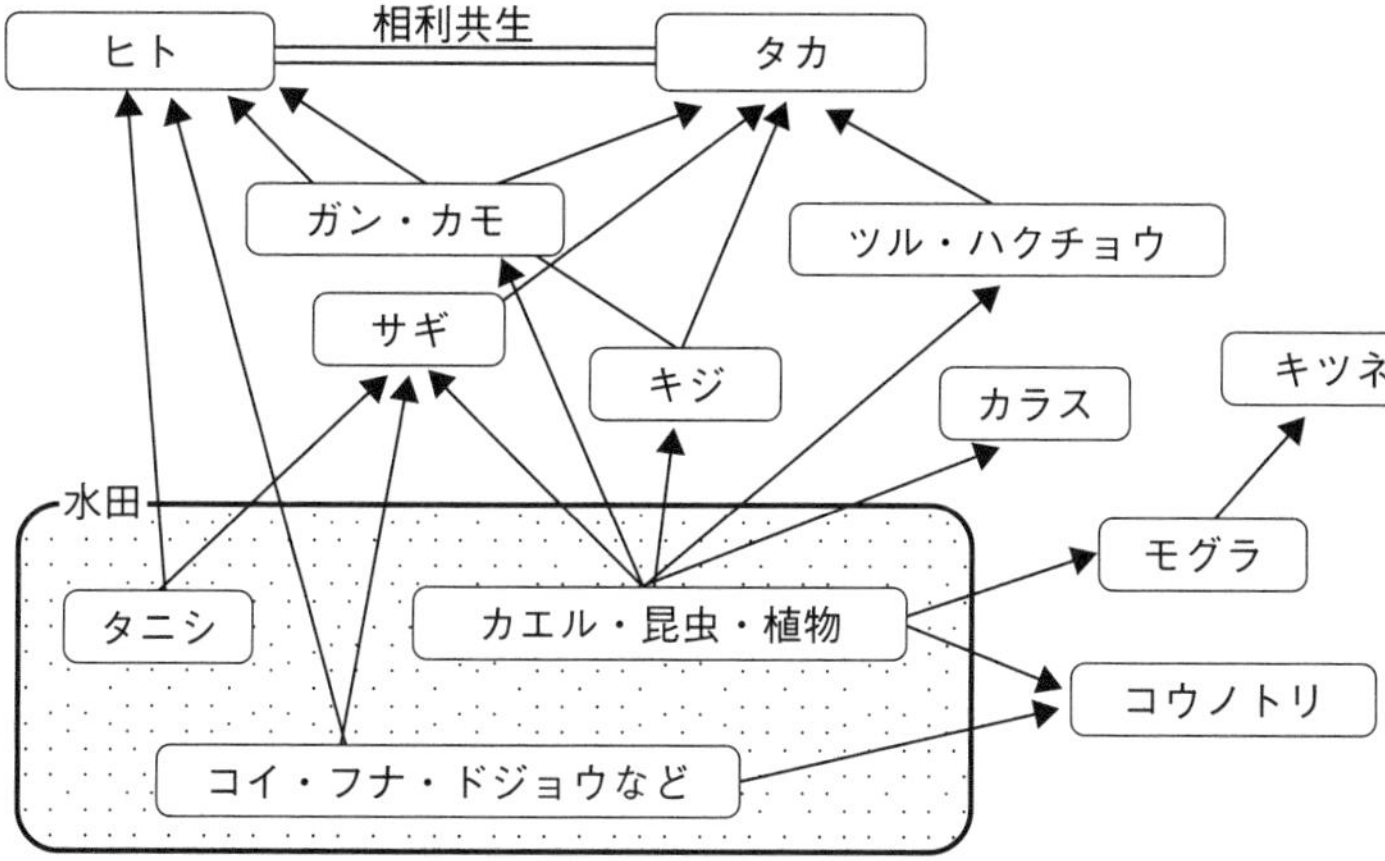

図3-7　水田の食物連鎖

稲田を荒ス土龍《ウゴロ》モグラトモ云を捕ル法いろ〳〵ありて、
人是をにく（憎）まざるハなし*10

以上をふまえて、水田の捕食—被食関係をおおまかに図示したのが図3－7である。この食物連鎖が、苗代のものに比べて複雑であることは一瞥《いちべつ》してわかるだろう。重要なのは、どの生き物が高次の捕食者なのかである。

田んぼで成育するコイ・フナ・ドジョウなどをサギ・コウノトリなどの鳥類が捕食していた。鳥類は魚介類の天敵なのである。稲にはウンカなどの昆虫がつき、稲を枯らすなどの食害は百姓を悩ませた。ただし、カエルが天敵としてこれを捕食したので、虫害もある程度は抑えられたと考えられる。そのカエルもまた重要で、田んぼの代表的な生き物であり、サギなどの胃袋を満たした。

では、高次の捕食者が誰なのかといえば、生態系の頂点にいるヒト・タカそしてキツネである。まずキツネは、モグラなどの小動物を捕食するために、水田周辺に出没していたと考えられる。次にヒトは水田の魚介類だけではなく、ガン・カモなどの鳥類を食し、またタカの餌となる鳥も捕獲していた。

一方、ヒトに飼われていたタカは、鷹狩りによってツル・ハクチョウといった大型の鳥類まで獲っていた。前述したように、ツルやハクチョウなどの鳥類は領主間の贈答品として重宝されており、そのために狩りがおこなわれていたのである。

このようにみてくれば、ヒトとタカは相互に利益を得ながら共生していたことがわかる。このような関係を相利《そうり》共生《きょうせい》とよぶ。

二 家畜と草山

重宝されたサル

図3-8の右上には、「稲不残取入て一日休」と記されている。秋の稲刈りあとの一日の休みだ。この場面には多くの子どもたちの姿が見られる。たとえば、左下の二人は首に縄をかけて

引っ張りあう首相撲で遊んでいる。しかし、この場をもっと賑やかな雰囲気にしているのは、その輪の真ん中にいる猿引《さるひき》（猿廻《さるまわし》）だ。

猿引はサルに芸をさせて、それを見世物《みせもの》にして金品を貰《もら》い受ける。ここでは男性が右手にムチを持ち、サルを操っている。腰には刀を差し、この絵では描かれていないが、おそらくは羽織を着るのが一般的だった。[*11] そばには猿引のコスチュームともいえる編み笠と、大きな袋がおかれている。サルに芸をさせるためには、いろいろな道具を用意しておかなければならない。この袋にはその道具や、貰い受けた金品などを入れていたのだろう。

図3-8　一日休み
西尾市岩瀬文庫所蔵『耕稼春秋』より

猿引が農村で芸をするのは、ただ百姓の遊興のためではない。サルの右手をよく見ると、白い紙を棒につけた御幣《ごへい》を手にしている。実は、サルはウマなどの家畜の守り神として重宝されていたのだ。猿引は厩《うまや》で祈禱《きとう》することが本来の役目であった。だから、図のサルは立ちながら御幣を持ち、祈禱するようなパフォーマンスをしているとみてよい。

加賀藩の猿引は村で暮らし、正月・五月・九月に地域をまわって厩で祈禱していた。村々で得られる報酬は、そう多くなかったことだろう。これだけでは糊口《ここう》を凌《しの》げなかったかもしれない。しかし、都市へ出向けば武士がいた。彼らもまた、猿引を呼び寄せ厩で祈禱させており、猿引は武士からも報酬を得ていたのである。最大のパトロンが藩主の前田家であったことは間違いないだろう。金沢城の厩で祈禱した場合、一年間あたり銭二貫目と白米一・五斗という金品を手に入れることができたのである。[*12] しかも猿引は苗字帯刀《みょうじたいとう》まで許されていた。図3-8の猿引が刀を差しているのはこのためだろう。

ウマの飼育

馬ハ六畜の一なり……其功人に次ものにして、無言なる故に心を添て、気体の屈伸可察事[*13]

六畜のなかでウマがもっとも良い。その働きぶりはヒトに次ぐ。ただし、無言なので心を寄せて、気持ちや体調の浮き沈みを察しなければならないと、又三郎はウマを称賛する。

六畜とは、ウマ・ウシ・ヒツジ・イヌ・ブタ・ニワトリの家畜六種のことをさす。餌の量によって違いもあるが、ウマを用いれば、農作業を速く進めることができる。そのためにウマは、加賀平野では、猿引を呼び寄せたり、湯で洗ったりするなどして、愛情を込めて育てられていた。百姓とウマがひとつ屋根の下で生活することもあった。そうすればウマの糞尿《ふんにょう》などが臭《にお》うはずだが、そういうニオイとともに百姓は暮らしていた。

大切に育てれば、ウマはいろいろなことに利益《りやく》をもたらしてくれる。騎馬を常備しておくために、加賀藩の上級クラスの武士は、百姓から優良馬を買い上げていた。百姓は育てたウマを馬市で売却もしていた。ウマが収入源となったわけである。さらに、又三郎によれば、百姓がウマを飼うのには、より重要な農業上の理由があった。

糞養をよく用ひ《い》地力を助て、常に盛にせずんハ《ば》、いかんぞ《ぞ》秋の収め思ふ《う》様ならんや*14

地力《ちりょく》を高めるため、常に肥料を多く使用しなければ、どうして秋の収穫が思いどおりになるというのか、と。

地力とは、作物を生育させる土地の生産力のことをさす。同じ土壌で作物を栽培していくと、年々その地力が弱まっていく。又三郎は、地力を維持するためにヒトの屎尿を肥やしとして多く入れることの重要性を説いた。しかし、常に大量に入れなければ秋の収穫も思うようにはならない。そのために日頃から家屋内で屎尿を溜めておく必要があったが、それでも不足してしまう。

すなわち、こうした慢性的な肥料不足を補っていたのが、ウマの糞尿だったのだ。そういう理由からも、百姓はウマを求めていた。この肥料不足は、江戸時代が持続可能な社会であったのかを考えるうえで重要なポイントでもあるので、第四章と第五章でも詳述したい。

広がる草山

水田を営むがゆえに、三月から百姓は、ある場所へ頻繁に出向かなければならなかった。

野山に草生てハ、九月末迄毎朝一、二人宛草刈に農人出る[*15]

野山に草が生えれば、九月末まで毎朝一、二人ずつ百姓が草刈りに出かけていく、と又三郎はいう。三月から九月末まで半年間も山へ出向いていたということは、草刈りは多大な労力を要した。

その場面が図3-9で、右上には「山方刈草して田育に仕る」と記されている。百姓が鎌を持って草を刈り、それを家畜の背に乗せて村里へ運んでいる。ウシをひいて山を下る牧童《ぼくどう》は、草刈のために雇われているのか。図をよく見ると、奥山には樹木が茂っているが、里に近い手前は草で覆われている。野山というより、草山という表現の方がふさわしい。なぜ草山が広がっているのか。草の役割に注目してみよう。

草は、そのまま水田に踏み込むと刈敷《かりしき》に、積み重ねて腐らせると堆肥《たいひ》に、ウマやウシの糞尿とブレンドすると厩肥《きゅうひ》にというように、地力を高める肥料として活用された。草肥《くさごえ》である。草が腐ると、細菌の働きによって土壌が改良され、それが肥料としての効果を生んだのだ。

草肥農業が全国的に展開した江戸時代、草を確保するために、百姓は野山を切り拓くとそのままにして草を茂らせ、草山にしていた。ある試算によれば、耕地を維持するためには、その面積の十倍以上もの草山が必要だったという。*[16] ということで、図3-9の草山は、実はヒトが人工的に造り出したものだったわけである。現実に草山がどれほどの面積にわたって広がったのかはわからないが、新田開発にともない、水田とセットで草山が大規模に広がったことは確かである。これもまた、江戸時代の田園風景のひとつといえる。

図3-9　草刈り
西尾市岩瀬文庫所蔵『耕稼春秋』より

その草が家畜の飼料にもなったことはいうまでもない。刈り取った草を百姓が家畜に与え、家畜は田んぼを耕し、その糞尿が肥やしになる。この点でみれば、ヒト（百姓）とウシ・ウマは、両者ともメリットのある相利共生の関係にあった。

ただし、草山が広がったことによって、野山から追い払われた生き物がいた。鳥や獣たちだ。こうして動物たちは人里へ出没し、百姓と鳥獣との攻防が繰り広げられることになる。早春の苗代が描かれた図3－1の裏側には、こういう事情も隠されていた。開発により棲みかを追われた生き物が人里に出没するという事態は、現在まで続く問題といえよう。

三　日本近世型生態系

ヒトがつくり出した生態系

これまで縷々《るる》述べてきたことをふまえ、水田の生態系を復元してみたい。そのために共生とは何かをもう一度おさえておく必要がある。

一般的に共生といえば、生き物が同じ場所にいて互いにメリットのある相利共生のことをさしている場合が多い。しかし、一方のみが他方から利益を受け、他方は利益も害もない片利《へんり》共生という関係もある。さらに、一方が他方の犠牲によって生きる「寄生―宿主」の関係であったり、両者がプラスにもマイナスにもならない中立の関係であったりもする。ある生き物は、その個体だけでは完結しない。ほかの生き物と、直接あるいは間接に関連しあって、共に生き続けているわけである。

水田の生態系を考えるにあたっては、水田を切り拓いた当事者であるヒトと、どの生き物がどのように共生していたのかをふまえるべきである。それをおおまかに整理して示したのが図3―10である。十七世紀の新田開発によって大地が一斉に切り拓かれ、日本列島の歴史上、初めて見渡す限りの水田という風景が広がった。それとセットで、田んぼの肥料源として造成された草山も、さらに勢いを増して広がっていった。百姓は水田を管理して稲を収穫し、草山を管理して草を刈り取った。その結果として、水田では生き物が増え、ヒトとタカを頂点にした捕食―被食関係が形づくられ、草山によってウマ・ウシなどの家畜が育てられた。すなわち、次の二系統によって、これらの生態系は成り立っていたのである。

系統①　水田・草山―ヒト（百姓）―ウシ・ウマ

系統②　水田・草山―ヒト（武士）―タカ

この二つの系統を軸にした自然環境、これこそが江戸時代の独自性を示す〝日本近世型生態系〟である。世界史の時代区分にもとづけば、江戸時代のことを近世ともいう。江戸時代ではなくあえて「日本近世」と表現するのは、以下のような積極的な理由による。古代・中世・近代・

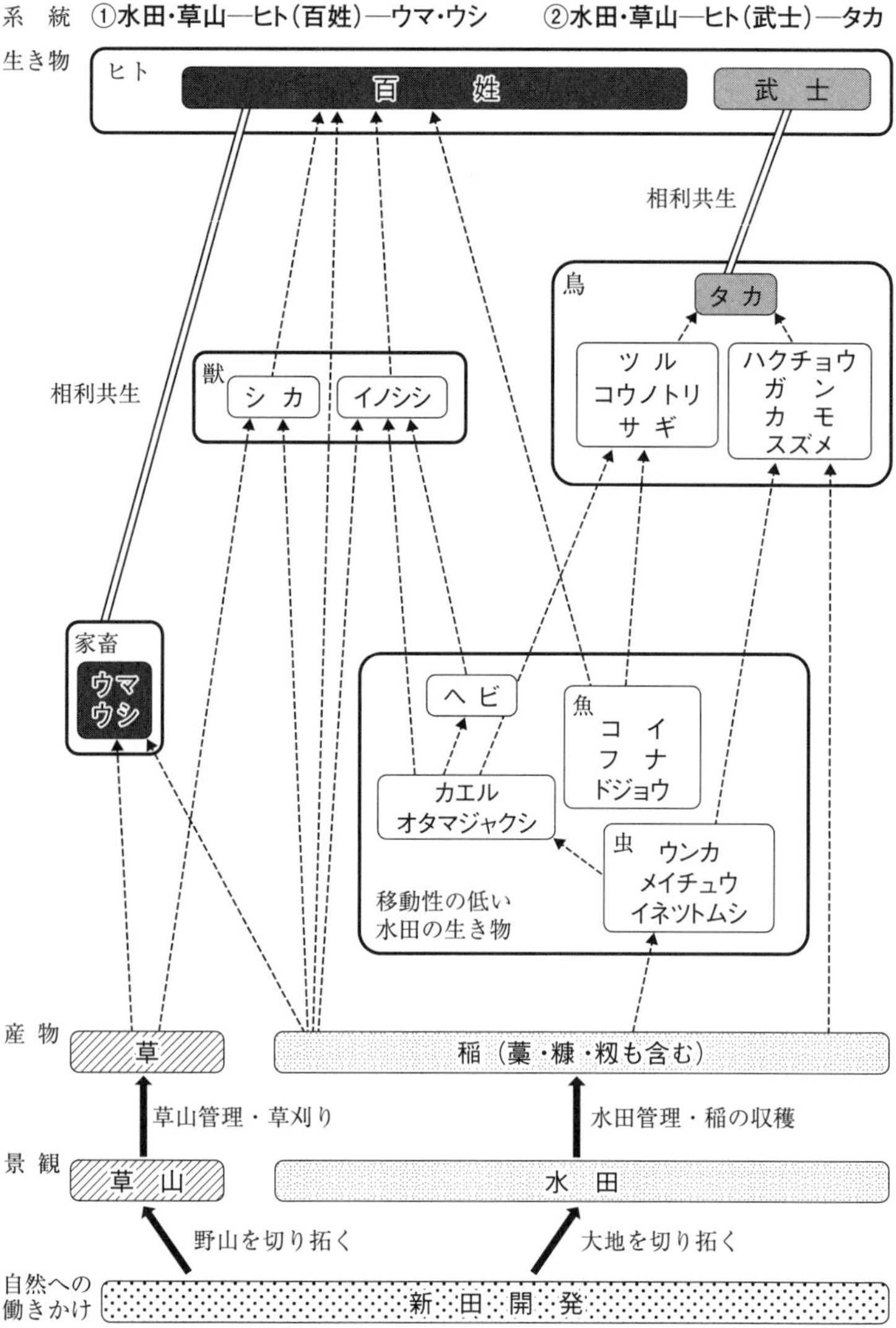

図3-10 日本近世型生態系の概念図

現代でも、時代や地域に応じた、それぞれの生態系が形成されたことは十分に予想されるが、「日本近世」と表現することによって、日本あるいは世界の、いろいろな時代や地域との比較・検討が可能になるだろうと考えるからだ。

　地球が約四十億年もかけてつくりあげてきた多様な生態系が崩壊すれば、ヒトの生存そのものも危うくなる。こうした危機的な状況を回避するためには、地球上の生態系が、現在に至るまで歴史的にどのように変遷してきたのかを解明しておく必要がある。一度、この世から消えてしまった生き物を再生することは難しい。しかし、過去にどんな生き物がいたのか、各時代や地域の生態系はどんなものだったのか、その歴史を示すことはできよう。こういう研究の積み重ねが、やがては地球全体の生態系の歴史という形で実を結んでいく。日本近世型生態系が、そのピースのひとつになるものと期待したい。

　もちろん、ここで復元できた生態系は、加賀平野に関する史料から確認できたか、もしくは推測した生き物のみである。ほかにもキジ・カワウソやキツネなど、あげればきりがない。越後《えちご》国三島《さんとう》郡片貝《かたかい》村（現新潟県小千谷市）の庄屋・太刀川喜右衛門《たちかわきえもん》（一七五九－一八二九）が文化六年（一八〇九）に著した農書『やせかまど』では、五月の夕景がこう表現されている。

　小さき蜻蛉の夕方川にたつが、蚊の如め（く）なり、故に蚊とんぼふ（う）といふ（う）、蛍も此月出つる也*17

小さいトンボ（蜻蛉《とんぼ》）が夕方の川に現れる。蚊のようなので、「蚊とんぼう」とよぶ。ホタルも、この月に出る、と。

田んぼの代表的な昆虫にヤゴがいる。ヤゴは成長してトンボとなり、田んぼや川べりを舞う。ホタルは、タニシやカワニナなどの巻き貝を捕食したに違いない。初夏、蚊のように舞うトンボと淡い光を放つホタルが織りなす夕景色は、さぞや美しかったことだろう。

生き物の棲息環境と新田開発

百姓が水田農業を営むことによって、生物相が豊かな環境が保たれていたことが明らかとなった。さらに三つの視点から、江戸時代の水田が自然に与えた影響について検証したい。

まずは、生き物の眼から新田開発の意味について考えてみよう。ヒトが大地を切り拓いて水田をつくったことは、確かにヒトによる自然の改造であった。しかし、この〝列島大改造〟によって、新たに生き物が棲息できるようになったこともまた事実である。いくつか例をあげよう。

田んぼに水を入れるためのため池と用水路に注目してみたい。ガンやカモが棲息するには、採《さい》餌場《じば》としての水田だけでなく、ねぐらとなる湖沼も必要である。*18 図2－4のようなため池で、鳥たちは眠り、コイやフナといった魚も育った。図2－4のため池の水は、用水路によって田んぼへ流れていたのであり、ため池のコイやフナは、この流れに乗って水門を通り抜けて田んぼへも泳いでいけた。田んぼに不可欠の用水路は、魚道としての役割も果たし、魚の生活の場となっていたのだ。

現在の用水路はコンクリートなどで頑丈に固められているが、江戸時代にはもちろんそうではなかった。図3－3の蛇籠も、本来は河川を保全する目的で設けられたものだが、ウナギやカニといった魚介類にとってみれば好適な棲息環境であった。今日、ウナギは漁獲量が激減し、絶滅までもが危惧《きぐ》されている。減少の一因として、コンクリートなどによる人工護岸化が指摘されている。[19]乱獲もあろうが、ウナギの好む横穴のない護岸が連なっていることにも問題があるからだ。

魚が棲む環境ができたことで、サギなどの鳥もまた多く棲むようになった。サギは生物多様性の指標動物といわれ、水田がもっとも大切な採食地である。用水路がコンクリートなどで整備されてしまうと、餌となる魚が自由に行き来できなくなり、必然的にサギの餌も減ってしまう。林では繁殖するために巣をつくる。[20]したがって、用水路が幾筋も流れ、水田の近くに山が連なっていた江戸時代の加賀平野では、多くのサギが棲息できたに違いない。

苗代や田んぼにはイノシシ・シカやキツネも出没していた。ヒトを警戒するはずの獣が人里に出没したのには、棲みかを追われたという理由のほかに、それを可能にする環境的条件もあった。キツネが描かれていた図3－4から読み取ってみよう。前述したように加賀平野の基本的な景観は、「水田―畦・道―小川・池・沼―立木・雑木林―草地―山・丘」によって成り立っていた。仮に図3－4の背後に山があり、そこにキツネがいたとしよう。景観の流れを逆にたどれば、キツネはまず神社を囲む林に移動し、草地に隠れながら、小川にかかる橋を渡って、田んぼの側《そば》に来ることができた。だから図3-4で、キツネが人里に出没することができるのである。

水田の景観は、単に田んぼのみでなく、立木・雑木林や草地などとつながってモザイク状になっていたため、これが行動範囲の広い獣たちにとって格好の隠れ蓑となり、人家近くの苗代や田んぼにも出没することができたといえよう。したがって、図3-4の場合は、山の開発が進んで棲みかを追われたキツネが出没していたわけではないことを言い添えておく。

コウノトリにとっての湿田

ツル・コウノトリのような大型鳥類にとって江戸時代の水田が果たした役割についても考えてみたい。大型鳥類は、棲息のために広い湿地を必要とする。これらの鳥の眼に水田は大湿地のように映り、採食地・繁殖地そして越冬地となっていた。

又三郎は、田植えをしても苗が消えてしまうと嘆く。苗が腐り、あるいは土に埋もれるだけではない。

諸鳥取、鴻の鳥引て食する故に失するなり*21

諸種の鳥が取り、コウノトリが引き抜いて食べてしまう、と。苗が消えてしまう原因を、又三郎はこのように分析していた。しかしこの言葉には説得力がない。なぜならコウノトリは苗を食べないからだ。コウノトリはドジョウやカエルなどを漁《あさ》って暮らし、一年中水を湛《たた》える湿田を採餌場とする。ただ、苗を踏むのでいずれにせよ嫌われてはいた。

明治に入って、乱獲などによってコウノトリの数は減っていった。その後、昭和三十年（一九五五）頃から始まった農薬の大量使用でドジョウやカエルなどの餌が減少し、さらに乾田化が進むなどの環境の変化にともなってしだいに姿を消し、ついには日本で野生のコウノトリは絶滅した。現在、ヒトの飼育下でのコウノトリの保護増殖に取り組む兵庫県豊岡《とよおか》市では、農薬を削減し、冬期にも田んぼに水を湛えてドジョウやカエルなどを増やすことで、コウノトリが棲むことのできる水田づくりを進めているという。[*22]

江戸時代の加賀平野には湿田があったので（図2－10参照）、コウノトリは四季を通じて棲息することができた。コウノトリ一つがいあたり必要な低湿地は五百から一千ヘクタール、野外復帰させるためには成鳥一千つがいが必要だといわれており、それだけの数を繁殖させるための面積は五十万から百万ヘクタールと広大である。[*23] 正保三年（一六四六）の石川郡では、新田も含めた水田面積は九千七百町余り（約九千七百ヘクタール[*24]）。すべてが湿田ではないので単純に計算はできないが、最大に見積もると、石川郡だけで十つがいから二十つがいが棲息していたことになる。

これを全国の水田面積にまで範囲を広げて考えてみよう。十六世紀末の耕地面積は推計で百五十万町余りだったが、新田開発によって江戸中期には約二百九十七万町まで広がった。そのうち水田が占める割合は五十八パーセントで、面積にして約百七十二万町（約百七十二万ヘクタール）となる。[*25] 水田すべてが湿田とは限らないが、それでもこの面積ならばコウノトリ一千つがいは充分に繁殖できよう。耕地がピークに達した十八世紀前半になって、ようやく日本列島では、コウノトリなどの大型の鳥が安定して繁殖できる自然環境になったと考えられる。

米の品種が多様であったことの意味

江戸時代に大規模な水田が出現したことだけが、豊かな生物相をもたらしたわけではない。作付けする米の品種の多様性についても考えてみたい。表3-3には石川郡の穀物の種類・品種を示している。今日とは違って、それぞれの穀物が特定のブランドに偏っていないことは一目瞭然である。もっとも少ない小麦や蕎麦《そば》でさえも、一種のみではなかった。

そのなかで、水田で作付けされている稲に注目してみよう。図3-11には糯（糯米）も含めた収穫期間を示しており、作付けしてから何日後に収穫できるのかを一覧にした。多くの品種は百十日・百三十日そして百六十日で刈り取られている。全体でみると二カ月半から半年近くかけて、徐々に稲が収穫されることを意味する。図序-1のように、四月に田植えがおこなわれたとすれば、最短で七月、最長で十月には稲刈りがおこなわれていたことになろう。このように稲の収穫期が長短さまざまであったことは、生き物にとってみれば二つの意味を持った。

まず魚介類にとってみれば、最大で約半年は水田そのものに棲息できていたことになる。しかも、一年中そのまま水が湛えられている場もあったので、加賀平野の田んぼは、魚介類にとって快適な棲息環境であったと考えられよう。次に、早くて田植えから約三カ月後には稲刈りが始まるので、稲刈り後の地上にみえる落ち穂や虫などを求めて、夏過ぎには鳥が飛来することができたのではなかろうか。しかも、米の品種が同じではないので、一斉にではなく、田んぼ一枚ずつ

表3-3　石川郡の穀物

穀　物	種　類	品種数	合　計
稲	早　稲	20	86
	中　稲	30	
	晩　稲	36	
糯	早　糯	5	26
	遅　糯	10	
	晩　糯	11	
粟	粟	18	24
	餅　粟	6	
稗		17	17
黍		6	6
麦	大　麦	6	8
	小　麦	2	
蕎　麦		2	2
豆	大　豆	21	42
	小　豆	7	
	大角豆	9	
	豆	5	

「郡方産物帳」2（金沢市立玉川図書館近世史料館所蔵加越能文庫№16.70-8）により作成

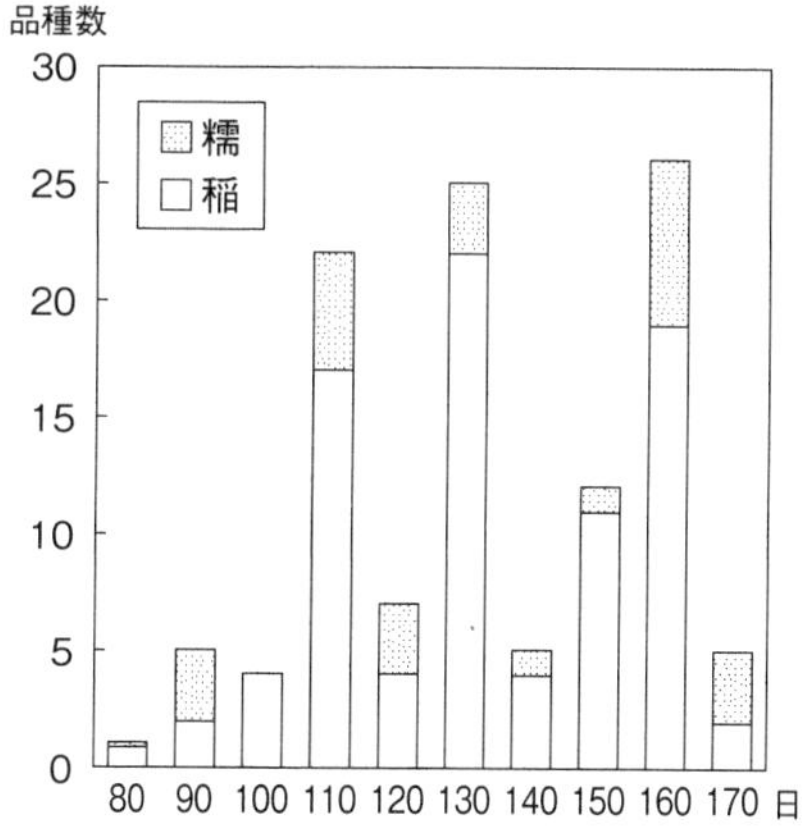

図3-11　稲の収穫期間
前掲「郡方産物帳」2により作成

田植えや稲刈りがおこなわれていった。そのため、田んぼの生き物も、一斉に移動する必要がなく、長期間にわたって移動しながら棲息することが可能であった。

米の品種がバラエティに富んでいたことは、多様な生き物が田んぼに棲息する一因となった。しかも、今日のような殺虫剤や除草剤などの農薬も使われていなかった。すなわち、日本列島で水辺に棲む生き物がもっとも豊かだったのは、新田開発で田んぼが一面に広がった江戸時代だったのかもしれない。さらに踏み込むなら、水田を拡大させて社会の経済成長を成し遂げていくヒトと、その水田で豊かな生物相を形づくっていく自然とが「調和」していたといえるのかもしれない。どのような点に、その本質を見いだせるのか。

自然と調和していたのか

本章では、江戸時代の新田開発の意味を考えるために、生き物の視点から水田の生態系をとらえてきた。では、ヒトと自然とが調和した社会づくりが意図的におこなわれていたのかといえば、水田を取り巻く生物相が豊かであったとしても、やはり答えは否といわざるをえない。おもな理由は二つある。

図3－10の日本近世型生態系を一覧してみると、とりわけ系統②は網の目状に複雑である。このように食物連鎖が複雑であれば、特定の生き物が増えても、複数種の捕食者が食べてしまうの

で増殖は抑えられる。したがって、生態系のバランスはとれていたことは疑いえないが、そういう状態が保たれていたのは偶然の結果にすぎない。これが理由の一つである。又三郎の意見でも、ウマなどの家畜は大切に思っているが、コウノトリにはそのような感情はない。ましてや、コウノトリのために、その餌となるドジョウを増やすなどのように、生態系を守っていこうという意識もみられなかった。

もう一つの理由は、日本近世型生態系から最大の恩恵を受けていたのが、もちろんヒトであり、ヒトにとって好都合の環境がつくられていたからだ。しかも、ヒトと相利共生の生き物はいたが、両者の関係はあくまで一時的なものにすぎず、結びつくのも解消するのも、それはヒトの一存で決まる。それどころか、相利共生の関係が解消されてしまえば、一気に生態系のバランスも崩れ去ってしまうのであった。詳しくは第五章で述べよう。

ヒトにとって水田は、生業の場であるに止まらず、精神的な安らぎ、ゆとり、もっといえばヒトの幸福をも実現させる働きもあったことが、次の又三郎の言葉に表れている。けっして楽ではなかった百姓の暮らしの、意外な側面といえるのかもしれない。

農民ハ朝霧を払ふ《(う)》て出、夕に星を戴て帰る、遠山・野山に居時ハ、少休事あれは《(ば)》、疇《(畦)》を枕にするといへ《(え)》と《(ど)》も、楽も又其内に有[*26]

図3-12　農道でひと休み
西尾市岩瀬文庫所蔵『耕稼春秋』より

百姓は朝霧を払って家を出て、星空を拝みながら帰っていく。遠山・野山にいる時に畦を枕にして少し休むこともあるが、そういうなかにも安らぎがある、と。

畦を枕にするというのは誇張もあろうが、この指摘に近い光景をみてみよう。図3−12は田植えの終わった四月の場面で、左上には「田植付毎日廻りして、田へ水を当る」と記されている。田んぼの水を調節するため、百姓は畦を切って上から下の田へ水を落としている。農道には、作柄の視察にきた武士がいる。彼の従者は水の入った瓢箪《ひょうたん》を持っていることから、遠方から足を運んできたのに違いない。おそらく農政を担当する改作奉行ではなかろうか。巡回している武士のそばでは、農作業で疲れたからか、男性二人が背中をあわせて農道で休み、その手前では、もう一人、別の百姓が一服しながら美田をじっと見つめている。なんともいえない情景だ。

開発期に広がった水田は、どんな生き物よりも、やはりヒトそのものに、利益と心の安らぎを与えていたと考えた方がよさそうである。

註

＊1　生態系や生物多様性、水田における生き物の果たす役割の重要性については、三島次郎『トマトはなぜ赤い』（東洋館出版社、一九九二年）、守山弘『水田を守るとはどういうことか』（農山漁村文化協会、一九九七年）、下田路子『水田の生物をよみがえらせる』（岩波書店、二〇〇三年）、エドワード・O・ウィルソン『生命の多様性（上）・（下）』（岩波現代文庫、二〇〇四年）、鷲谷いづみ・武内和彦・西田睦『生態系へのまなざし』（東京大学出版会、二〇〇五年）などから多くの示唆を得た。

＊2　『日本農書全集　第6巻』（農山漁村文化協会、一九七九年）三〇頁。

＊3　『日本農書全集　第62巻』（農山漁村文化協会、一九九八年）一二九頁。

＊4　大友一雄『日本近世国家の権威と儀礼』（吉川弘文館、一九九九年）。

＊5　『日本農書全集　第59巻』（農山漁村文化協会、一九九七年）三九〇頁。

＊6　稲荷信仰など、キツネとヒトとの歴史的な関わりについては、中村禎里『狐の日本史　近世・近代篇』（日本エディタースクール出版部、二〇〇三年）を参照されたい。

＊7　「日本の食生活全集　石川」編集委員会編『日本の食生活全集17　聞き書石川の食事』（農山漁村文化協会、一九八八年）。

＊8　『日本農書全集　第37巻』（農山漁村文化協会、一九九八年）三三五頁。

＊9　『日本農書全集　第4巻』（農山漁村文化協会、一九八〇年）三〇五頁。

＊10　『日本農書全集　第24巻』（農山漁村文化協会、一九八一年）一〇一頁。

＊11　たとえば、京都の猿引は、羽織に編み笠を着用し、腰には携帯用の袋をつけて米を入れていた（『人倫訓蒙図彙』、平凡社、一九九〇年、二八〇頁）。

＊12　「御厩方旧記」四（金沢市立玉川図書館所蔵加越能文庫No.一六．四五－七三）。

＊13　前掲『日本農書全集　第4巻』五二一頁。

＊14　前掲『日本農書全集　第4巻』一九八頁。
＊15　前掲『日本農書全集　第4巻』一六頁。
＊16　江戸時代に果たした草山の重要性を論じたものに、水本邦彦による一連の研究がある。たとえば、同著『草山の語る近世』（山川出版社、二〇〇三年）・同著『全集日本の歴史　第10巻　徳川の国家デザイン』（小学館、二〇〇八年）・同著『徳川社会論の視座』（敬文舎、二〇一三年）などがあげられる。
＊17　『日本農書全集　第36巻』（農山漁村文化協会、一九九四年）二二五頁。
＊18　藤岡正博「水田生態系における湿地性鳥類の多様性」（農林水産省農業環境技術研究所編『水田生態系における生物多様性』、養賢堂、一九九八年）。
＊19　井田徹治『ウナギ』（岩波新書、二〇〇七年）。
＊20　藤岡正博「サギが警告する田んぼの危機」（江崎保男・田中哲夫編『水辺環境の保全』、朝倉書店、一九九八年）。
＊21　前掲『日本農書全集　第4巻』四八頁。
＊22　西村いつき「コウノトリを育む農業」（鷲谷いづみ編著『地域と環境が蘇る　水田再生』、家の光協会、二〇〇六年）。
＊23　前掲『水田を守るとはどういうことか』。
＊24　金沢市史編さん委員会編『金沢市史資料編9　近世7』（金沢市、二〇〇二年）二三五―二三九頁。
＊25　土木学会編『明治以前日本土木史』（岩波書店、一九三六年）二六六―二七二頁。ただし、田面積のうち対馬は畑もあわせて約五百―六百町なので除いている。
＊26　前掲『日本農書全集　第4巻』三四―三五頁。

第四章
資源としての藁・糠・籾

一　藁の有用性

「一つとして用いざるはなし」

前章まで、水田を生態系としてとらえ直すことで、ヒトと自然との調和が偶然の結果にすぎなかったこと、それらが安定的なものとはいい難かったことを明らかにした。水田は、その二次的な作用として豊かな生物相を形づくっていたのである。本章では、水田本来の生産物である米にふたたび立ち戻り、その副産物である藁・糠・籾にあえて着眼したい。[*1]

次に示すのは、第三章でも紹介した往来物『米徳糠藁籾用方教訓童子道知辺』の一部である。

こんな内容が、子どもたちのテキストには書いてある。

米徳広大《へいとくかうたい》成る事故《ゆへ》、糠《ぬか》・藁《わら》・籾《もみ》いつ《(ず)》れも米に付たる品《しな》、一ツとして用《もち》ひ《(い)》さ《(ざ)》るは曾《かつ》てなし、一《いつ》品《ひん》の用《もち》ひ《(い)》方数多《あまた》なれハ《(ば)》、悉《こと〳〵》くは記難《しるしかた》し[*2]

米の恩恵は計り知れないので、米に付随《ふずい》する藁・糠・籾も、一つとして使わないものはない。それぞれの用途は数が多いので、詳細には記せない、と。

収穫された稲は、脱穀によって籾と藁とに分別される。そのうち籾から米を取り、さらに精米することによって糠が得られる。稲には、米だけではなく、藁・糠・籾が含まれているにもかかわらず、これまでほとんどの研究は「稲作＝米」とみなすか、もしくは米のみが着眼されてきた。[*3]無理もない。藁・糠・籾は、あまり史料上に現れないからである。江戸時代はコメを中心とした石高制の社会である。したがって、序章でも述べたように、研究においても、米をクローズアップするだけで事足りた。しかし、史料上、藁・糠・籾を丹念にみていくと、村社会・武家社会そして町社会において、これらを生活必需の資源として消費する人びとの姿や、その変容と問題点が浮き彫りになってくるのである。

描かれた藁

まずは村社会からみていこう。稲作を進めた百姓は、藁・糠・籾の生産者であり、消費者でもあった。消費者としての百姓と、藁・糠・籾との関係に注目してみよう。『耕稼春秋』から、それらの活用法をおおまかに分類すれば次のようになる。

① 藁（農作業・包装・住居・燃料・肥料・飼料）
② 糠（農作業・肥料）
③ 籾（農作業）

いくつか補足しておきたい。

農作業とは、単に農作物を栽培・収穫するだけでなく、それも含めた作業全般のことをさす。①の包装については、藁から作った縄で野菜を結んで束にし、あるいは年貢米の俵を編んだ。

百姓は、米を生産するうえで不可欠なものとして、藁・糠・

図4-1　仕事はじめ
西尾市岩瀬文庫所蔵『耕稼春秋』より

籾を利用していた。図４－１の右上には「四日より農具拵」と記されている。「四日」とは、ここでは正月四日のことをさす。わずかな正月休みを楽しんだ百姓たちが、仕事始めに縄を綯《な》い、筵などを編んでいる。ウマも、百姓とひとつ屋根の下で暮らしている。ちなみに戸や壁がないのは、家屋内を見せるため、あえて描かれていないからだ。

図4-2　藁塚づくり
西尾市岩瀬文庫所蔵『耕稼春秋』より

第一章で述べたように、百姓は大唐米の長い藁を入手し、それで家や屋根を修理していた。図４－２を見てみよう。秋に稲刈りが終わったあと、百姓二人が藁を積み上げている。右上には、「稲取集て大露積に仕る」と記されている。「大露積」とは、藁の切り株を外へ出して、円形状に積み上げていく方法をさす。大唐米の藁は長い。そこで藁塚では長い藁を傘として用い、下に積まれた藁が雨で濡れないようにしていた。時間をかけてでも、崩れない、美しい藁塚を作ったところに、藁を大切に使おうとする百姓の思いが表れていよう。

百姓とウマ

藁には、先述したようにもうひとつ重要な使い途《みち》があった。家畜の飼料である。

図4－3は、四月の田んぼである。左上には「堅田二番返し」と記されている。「堅田」とは乾田のことをさす。二月に一度、乾田の土を起こし、四月に二度目の作業をおこなう。鍬を持って農道を歩く男性は、何かを語りかけているようだ。百姓は手綱《たづな》でウマをうまく操りながら、犂《すき》を引かせて耕している。百姓とウマとの一体感が伝わってこよう。[*4]

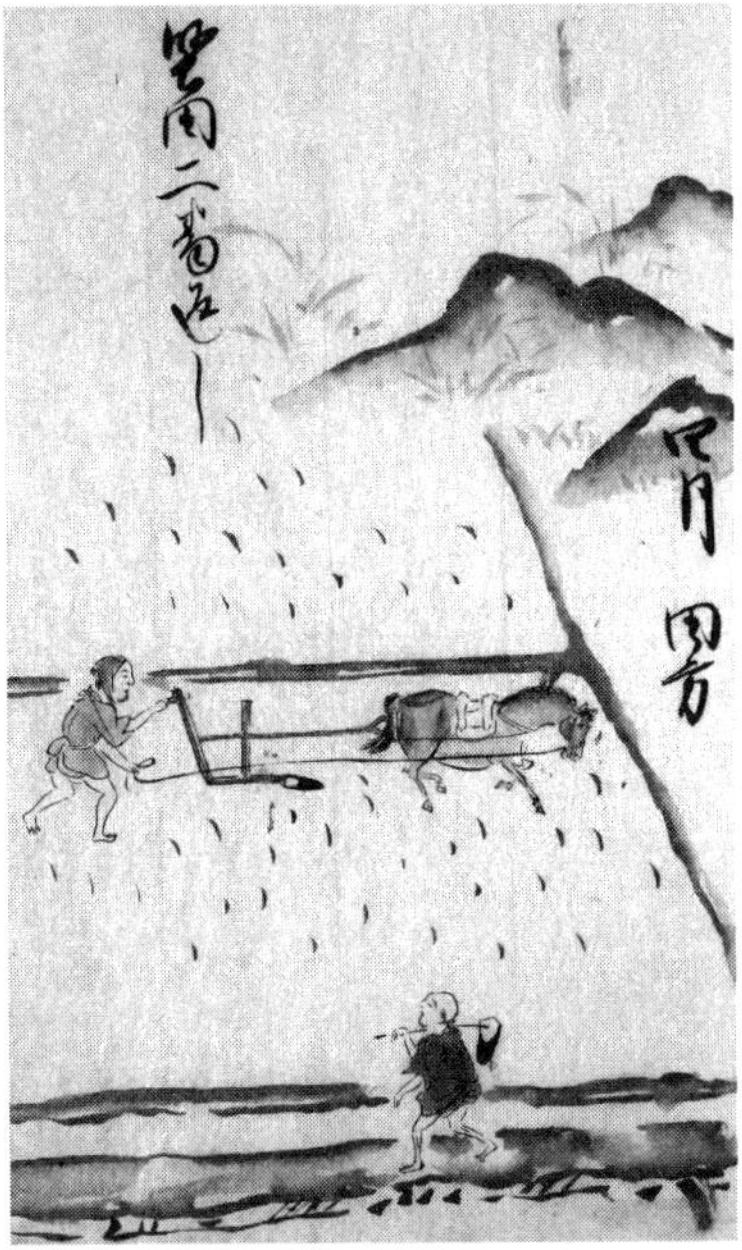

図4-3　乾田の土起こし
西尾市岩瀬文庫所蔵『耕稼春秋』より

犂返しをするウマの姿はなんともたくましい。百姓は藁などを餌として与え、猿引を呼び寄せて成長を願い、湯洗いをするなどしてウマを飼っていた。こうして大切に育てられたウマが田畠を耕し、あるいは年貢米などの輸送を担った。いわば藁などがウマのエネルギー源としての役割を果たしていたわけである。

だが、誰でもウマを飼えたわけではなかった。図4－4には、

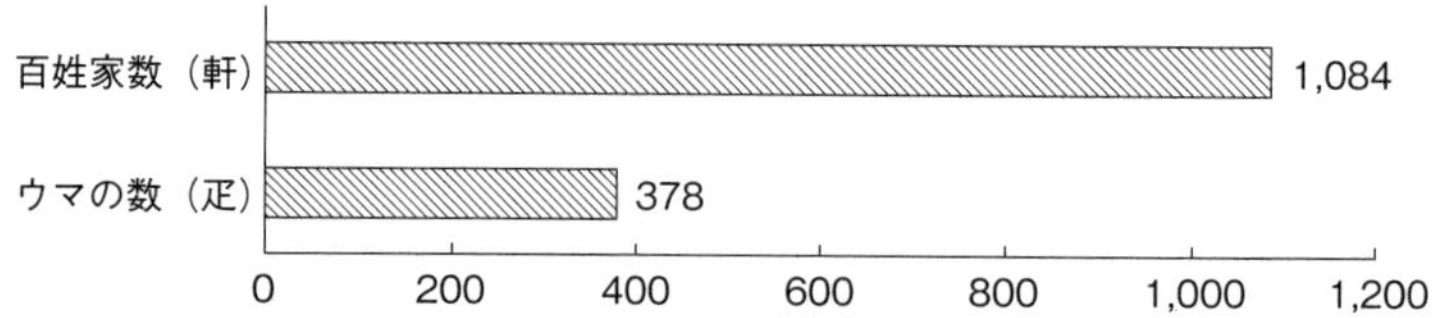

図4-4　百姓家数とウマの数　宝永5年（1708）加賀国石川郡押野村太兵衛組42カ村
金沢市史編さん委員会編『金沢市史　資料編10　近世8』（金沢市、2003年）により作成

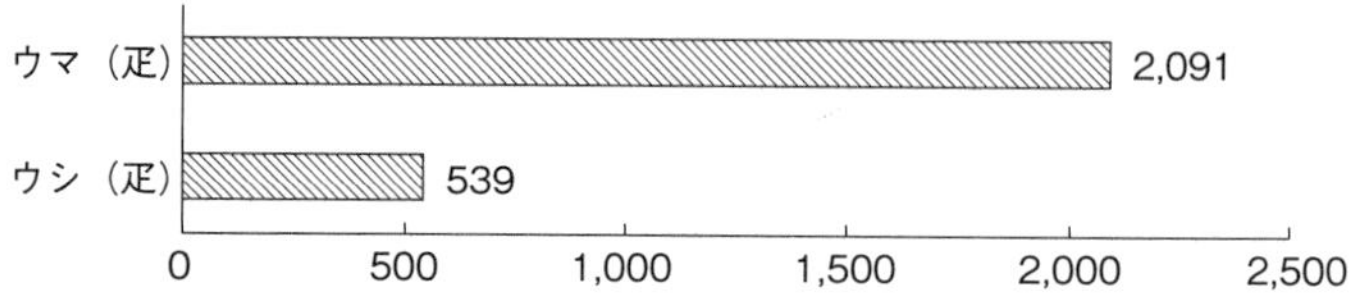

図4-5　ウマとウシの飼育数　宝暦5年（1755）
金沢市史編さん委員会編『金沢市史　資料編9　近世7』（金沢市、2002年）により作成

金沢近郊農村における百姓家数とウマの数をグラフにして示した。宝永五年（一七〇八）の加賀国石川郡の四十二カ村では、百姓家数が千八十四軒なのに対してウマの数は三百七十八疋《ひき》なので、だいたい三軒に一疋の割合でウマが飼われていた計算になる。なお江戸時代ではウマやウシを数える場合に「頭」ではなく「疋」が用いられるので、今後はこれにしたがう。

図４－５には、宝暦《ほうれき》五年（一七五五）に金沢近郊農村で飼われていた家畜の数を示した。加賀国石川郡でみると、ウマが二千九十一疋なのに対してウシは五百三十九疋と、ウシはウマの約四分の一しかいない。それほど加賀藩では、家畜としてウマが普及していたのである。

百姓にとってのウマの利益《りやく》は前章で述べたとおりである。その糞尿は肥料不足を補っていた。加賀藩の上級武士のウマは村でも育てられていた。藩は優良馬を確保するため、東北などの有名な馬産地から種馬《たねうま》を導入し、それを村に預け、あるいは貸与していた。こうして村で育てられた優良馬を藩は買い上げ、百姓は残されたウマを馬市で売買することも許された。*5 ウシよりウマが重宝されていたのには、このような理由もあった。

ウマを飼うコスト

ウマに関連して、百姓経営の実態についてみておこう。

百姓には富農もいれば貧農もいる。貧農のなかには、糊口を凌げず稼ぎに出かける者もいた。奉公人として雇われたり、街道に駄賃馬《だちんうま》を牽《ひ》いたりしたのである。しかしここでは中庸《ちゅうよう》、つまり農業のみ経営する中規模クラスの農家に注目したい。

表4-1には、又三郎が『耕稼春秋』のなかで具体例としてあげている試算をもとに、百姓の経営モデルを再現してみた。草高とは、加賀藩では石高のことをさす。石川郡の約五百石の村で、持ち高が五十石の百姓と仮定されている。*6

収入からみていく。仮に持ち高どおりに五十石の米が収穫できたとしよう。よく知られている五公五民《ごこうごみん》という年貢率であれば、そのうちの五十パーセントにあたる二十五石を年貢として納め、残りの二十五石が作徳《さくとく》として手元に残った。第二章で述べたように菜種という商品作物も栽培し

表4-1　百姓の経営モデル

項　目			金　額	備　考
〔草　高〕	50石			
〔収　入〕	合　計		1,650匁	
作　徳	25石		1,250匁	五公五民（米1石＝銀50匁）の場合
菜　種	17、18-20俵		400匁	20俵（菜種1石＝銀40匁）の場合
大麦・小麦	15-20俵		−	
縄・俵	70程		−	
沓・草鞋	1,700-1,800足		−	
〔支　出〕	合　計		1,369匁	
男	4人			
経営主		1人	−	
奉公人		1人	120匁	ウマ使いが上手な者
奉公人		1人	95匁	
子ども		1人	40匁	草刈り用
女	2人			
妻		1人	−	
下　女		1人	45匁	
ウ　マ	1疋		170匁	
大　豆	3.6石		162匁	1日＝1升ずつ（大豆1石＝銀45匁）
人　糞	300駄程		262匁	人糞1駄＝米1.5-2.0升（米1石＝銀50匁）
金　肥			360匁	値段は年によって変動
諸入用			90匁	夫銀（春・秋）・用水入用など
農具・馬具			25匁	修理代も含む
〔収支残高〕	5.62石		281匁	米1石＝銀50匁

『日本農書全集　第4巻』（農山漁村文化協会、1980年）により作成

ており、これは売って年貢の足しにしている。大麦・小麦は食用となる。

藁からは縄が綯われ、俵・沓《くつ》・草鞋が編まれる。縄・俵は七十程と書かれているが、これ以外にも、藩へ年貢を納めるにあたって上質の俵なども編まなければならない。ウマの沓と奉公人の草鞋は千七、八百足というから、平均すれば一日五足ほど編む必要があった。だから『農業図絵』には、屋外での農作業ができない冬場などには、百姓が縄を綯う場面がよく登場する。

一方の支出はどうか。奉公人・子どもや下女へ給金が支払われている。持ち高五十石の経営は、夫婦だけでは手に負えない。草を刈るために子どもを雇っているのである（図3－9参照）。さらにウマ使いの上手な奉公人も一人雇う。ウマの餌となる大豆を栽培していなければ、これも買わなければならない。油粕《あぶらかす》や干鰯《ほしか》といった金肥《きんぴ》も購入するが、その割合は支出のうち四分の一以上をも占めるので、出費としては痛い。

収入から支出を引いた収支残高は、六石弱の黒字である。作徳があれば、それは貯蓄にもなる。百姓は生産した米で年貢を支払うものの、経営していくうえでは金銭処理もおこなわなければならなかった。このモデルでは、仮に菜種の収入がなければ、赤字経営に陥ることになる。

さて、この経営モデルから、ウマに関連するコストを算出してみよう。支出のなかには、ウマ使いの上手な奉公人（百二十匁）、ウマ一疋（百七十匁）、飼料用の大豆（百六十二匁）、農具・馬具（二十五匁）があり、合計は四百七十七匁となる。支出の総額が千三百六十九匁ということは、ウマを飼うコストは、農具代も含めると支出全体の約三十五パーセントにも達する。村の貧困層がウマを飼うことは難しかったといえよう。この点を勘案すれば、図4－4で百姓の三割強しかウマを飼えなかったことが理解できるし、ひいては図4－3でウマを働かせている百姓と鍬を持った百姓との間に、富と貧の断層をみてとることもできよう。それだけではない。高価な犂と広く普及していた鍬という農具の違いも、貧富の差を表しているのである。

収入源としての藁

元禄七年（一六九四）、加賀国河北郡（現石川県）の十村ら三名は、改作奉行に年貢の算出方法を提案した。上田をベースにしながら、水田一反でどれくらいの収穫があるのか、その見積もりを明示したのである。その提案の内容を、表4－2に示した。この表を読み解くポイントは、藩の役人ではなく、役人よりもはるかに農村事情につうじた十村が提案している点にある。彼らは水田のことを裏の裏まで知り尽くしているので、当然、そこに米以外の収入源があることを理解している。

内訳を説明していこう。上田とは、第一章で解説したように土地の等級のうちの上級クラスをさす。上田一反の面積は、水田だけ見れば通常どおり三百歩である。仮に一歩あたり米八合ができれば、一反は三百歩なので、そこから米二石四斗の収穫がある。さらに、次の三種の産物が得られていた。

表4-2　元禄7年（1694）年貢の算出方法案

項　目	面　積	収穫物	石　高	備　考
上田（1反）	360歩	米	2.932石	
〔内　訳〕				
水　田	300歩	米	2.400石	1歩＝米8合
		ゆりご	0.120石	
		めうし	0.080石	
		藁（90束）	0.252石	6匁3分（米1石＝銀25匁）
畦	60歩	大豆・小豆	0.080石	10歩（1歩＝米8合）

『改作所旧記　中編』（石川県図書館協会、1939年）により作成

（一）ゆりご・めうし

二つあわせて二斗の収穫がある。これらは割れて砕けたり、十分に実っていなかったりした屑米《くずまい》のことをさす。百姓は、これらの米を食べていた。

（二）藁

上田一反あたり藁九十束が得られたとすると、これを売却すれば銀にして六匁三分になる。米一石は銀二十五匁に換算されるので、藁は米二斗五升二合の収穫とみなす。藁も水田からの収入源とみなされていたのだ。全収入からみると、その割合は約九パーセントにも及ぶ。

（三）大豆・小豆

水田のまわりを囲む畦にも収穫物があった。大豆・小豆である。六十歩の畦のうち、実際に収穫があるとみなされるのは、その六分の一の面積にあたる十歩しかない。一歩

につき米八合の収穫があると換算し、大豆・小豆は米八升となる。

畦にまで作付けがされたことは、耕地の徹底した有効活用にも見えるが（図2－6参照）、その大きな理由としては、もともとは畦が検地の対象ではなかったことがあげられよう。享保十一年（一七二六）、幕府は新田を検地するにあたって、「あせ《畦》際壱尺宛可除」というルールを定めている。[7] 畦と接する一尺（約三十センチメートル）は検地の対象外、つまり無税なのだ。課税されない畦まわりをいかに活用するのか。水田だけではなく、それを囲む畦の経営でも、百姓の力量が試されていたのかもしれない。とはいえ表4－2によれば、そこからも収入があることを十村は藩の役人に報告している。

以上をふまえ、表4－2によれば、畦の面積も含めると一反は三百六十歩となり、そこから算出されたすべての収穫量は、米二石九斗三升二合となるのである。[8]

ダブルスタンダードの性格を持つ石高

耕地が検地を受けて、年貢が課される基準となったのが石盛（斗代）である。これは第一章で述べたように、一反あたりの収穫物を米の量で表したものであった。又三郎は、加賀平野の石盛をこう示す。

一、三百歩　一反　　加州　石川郡
　　　　　　　　　　能州　河北郡
　　　　　　　　　　　　　四郡
此斗代壱石五斗
但、田百歩ハ草高五斗也、壱歩に付五合宛*9

加賀国の石川郡・河北郡と能登国の四つの郡は「斗代壱石五斗」、つまり石盛は「一反＝一石五斗」である。田一歩につき米五合と換算すれば、百歩の石高（草高）は五斗となり、一反＝三百歩＝一石五斗となる、と。

全国的にみても、上田の石盛は「一反＝一石五斗」か、その前後を標準としていた。しかも、百姓が年貢を納めるにあたっては、この石盛に年貢率（免）がかけられる。たとえば五公五民という年貢率であれば、一反からは、一石五斗の半分にあたる七斗五升の米を百姓は納めることになるわけだ。

第一章で少し述べたように、石高は米の収穫量を示した生産高か、それとも領主が課す年貢高なのか、いまだに学説がわかれている。具体的には、「一反＝一石五斗」と示された石盛は、生産高と年貢高のどちらなのかという問題である。なぜなら、石高を算定するにあたって、その根本的な基準となっているのが、この石盛だからだ。そこで生産高と年貢高という二つの立場から、

表4－2もふまえつつ考えてみたい。

（一）生産高と考える

「一反＝一石五斗」は、土地の収穫量がどれくらいあるのかが、米の量に換算されて表された額といえる。この場合、領主は検地をおこない、百姓の持つ耕地から収穫量がどれくらいあるのかを正しく把握したうえで、年貢を課していることを意味する。

表4－2を見ても、藁や大豆・小豆といった、米ではない収穫物がすべて米の量に換算されている。しかも、それぞれに算出レートが決まっていた。藁の場合は売却額が銀二十五匁＝米一石と換算され、大豆・小豆の場合は、畦の面積の六分の一から一歩＝米八合が収穫されるというように。

領主が年貢を課すためには、上述したように年貢率がかけられる。年貢率の割合によって、領主と百姓がそれぞれ何割ずつ配分されるのかが違ってくる。その割合を決めるためには、生産高を把握しておかなければならない。したがって、「一反＝一石五斗」と示された数値は、生産高が反映された額とみなせよう。

（二）年貢高と考える

「一反＝一石五斗」は、領主が百姓のもつ耕地にどれくらい年貢を課すのかが表わされた額といえる。この場合、必ずしも領主は、百姓のもつ耕地からの収穫量をしっかりと把握していなくてもよい。

表4－2を見ると、米ではない収穫物が、すべて米の量に換算されているとはいえ、それらが誤りのない正確な額なのか、疑問を抱かざるをえない。たとえば、藁については米一石＝銀二十五匁という算出レートがある。ところが、表4－1では、米一石＝銀五十匁として換算されているではないか。大豆・小豆の場合も、生産されるのは豆なのに、どうやって米の量にそのまま置き換えられるというのだろう。これらの点をふまえれば、表4－2における全収穫量（上田一反＝米二石九斗三升二合）が、どれほど正確なのかもわからなくなってくる。

ここで考えなければならないのは、表4－2の数字が、何を目的に算出されているのかということだ。もちろん、それは年貢を見積もるためである。つまり、表4－2には、水田からの収穫量がどれくらいあるのか、藁なども含めた収穫物一つひとつが、暫定的に米の量に換算されて表示されている。次に、それらの総額を見積もりとしながらも、現実に年貢を課すにあたっては、「一反＝米一石五斗」という石盛が定められた。ということは、「一反＝一石五斗」と示された数値は、年貢高が反映された額とみなせよう。

（一）と（二）のどちらに説得力があるのかといえば、やはり（二）である。[*10] とはいえ、石高が年貢高であったとしても、それは検地をおこなって決められているので、生産高をふまえた額ともいえよう。それに、表4－2のように、藁・大豆・小豆までもが米の量で換算される方式をとっていること自体、石高は生産高としての性格を有している。すなわち、石高は生産高でもあり、年貢高でもあるという、いわばダブルスタンダードの性格を有していたのだ。[*11] ただし、石高の運用は、領主や地域によって差があって当然である。この見解は、あくまで加賀藩の事例と考えてほしい。

二　ウマと藁

武家社会と藁・糠

百姓が生産した藁・糠・籾は、武家社会へ供給され、消費されていた。『耕稼春秋』の時代から、ときを一世紀前に戻してみよう。

慶長五年（一六〇〇）、関ヶ原の戦いが終わると、藩主・前田利長《としなが》（一五六二―一六一四）は領国統治に力を入れる。利長はこの合戦に参陣することができなかったが、徳川家康は北陸での戦功を賞して新たな所領を与えた。これにより前田家は加賀・越中・能登の三カ国の領国を手中に収め、百姓経営の維持に重点をおくようになる。同七年には掟の一つとして、「ぬか《糠》・わら《藁》・薪等にいたる迄」、役人は少しも言いがかりをつけてはならない、もしこれに違反する者がいれば、百姓のために訴えるように、と命じた。[12]

加賀藩の重臣・本多《ほんだ》政重《まさしげ》（一五八〇―一六四七）も、同十六年に領地内で役人が「ぬか《糠》・わら《藁》・薪」などだけではなく、「人足一人・馬を一疋」をも供出させることを禁じている。[13] 彼は徳川家譜代の重臣・本多正信《まさのぶ》（一五三八―一六一六）の次男で、もともとは家康に仕えていたが、その後は主君を代えて、この年から前田家の家臣となった。新たな領地での支配を安定させるために、このようなことを命じたとみられている。

加賀藩の草創期から、藩が直轄する公領や家臣の支配する私領の別を問わず、役人が村から藁・糠を不法に取ることが禁止されていた。換言すれば、それほど武家社会では藁や糠の需要が多かったのである。このため加賀藩では、元和《げんな》二年（一六一六）に村が年貢以外に納める小物成として、公領を対象に次のような規定が定められた[14]（以下、元和の藁・糠規定と記す）。

藁　一千石＝六百束

糠　一千石＝二百俵《ぴょう》

これは、一千石の村ならば藁六百束・糠二百俵を納めるという規定である。村高に応じて、上納する藁や糠の量も増減するというわけだ。元和期（一六一五―一六二四）には、加賀藩では検地が実施され、それを基準にして公領での徴租《ちょうそ》体制が刷新・整備されていく。[15] その一環として、村が藩に納める小物成を算出するために、元和の藁・糠規定が設けられたといえよう。
ところが翌三年（一六一七）、藩の政務を総括する年寄《としより》は、次のように方針転換を命じた。村から「御馬藁」「御馬糠」などの夫役《ぶやく》・小物成を供出させることは免除する、その代わりに村高百石につき銀百四十匁を納めさせる、と。[*16]夫役とは労役のことをさす。その夫役と小物成とを銀で納めさせる、いわゆる夫銀《ぶぎん》化にともない、村は藁・糠を藩に納める必要はなくなったのである。
「御馬藁」「御馬糠」という表現からわかるように、藁・糠が武家社会の必需品とされていたのは、村社会と同じく、それらがウマの飼料だったからだ。藩の厩を管理した厩方の記録『御厩方旧記《おうまやかたきゅうき》』によれば、寒い冬になると厩を温めるために藁が増やされたので、夏と比べると藁の消費量は増えた。もな用途が飼料だったというべきだろう。藁は厩の床に敷かれてもいたので、お
一方、糠は、ウマの滋養強壮のための餌として「糠湯」にして与えられることもあった。今では考えにくいかもしれないが、年頭や端午《たんご》・重陽《ちょうよう》といったイベントではウマにあわせた衣装が用意され、年に数回は灸をすえて治療されるなど体調面にも気が配られた。[*17]

武士とウマ

武家社会で大切にウマが飼われていた最大の理由は、戦うためである。藩の軍隊は、おもに騎馬隊・足軽《あしがる》隊、そして兵糧などを運ぶ小荷駄《こにだ》隊から編成される。[*18]そのため、騎馬隊を担う上級武

士は、軍事上どうしてもウマを飼っておかなければならない。すなわち、藁・糠がウマのエネルギー源となることで、藩は平時でも軍事力を保っていたわけである。

家臣には、石高に応じて軍務に服す義務があった。これを軍役《ぐんやく》という。元和二年（一六一六）に定められた加賀藩の軍役規定によれば[19]、上級家臣のうち、たとえば加賀国で二千石以上の石高なら、戦時には馬上《ばじょう》二騎で駆けつけ、幟《のぼり》二本・鉄砲六挺《ちょう》・鑓十本を持参しなければならなかった。馬上とは騎馬武者のことをさす。

図4-6　帰路につく武士団（部分）
西尾市岩瀬文庫所蔵『耕稼春秋』より

平時ではどうかといえば、上級武士は登城する時にウマを使った。図4-6を見てみよう。藩主に年頭の挨拶《あいさつ》をするために、家臣は登城していた。この場面は、挨拶が終わり、武士団が帰路についているところである。描かれてはいないが、右側には金沢城が位置しており、この一行は城をあとにしていることがわかる。ここは浅野川大橋の手

表4-3　加賀藩家臣のウマ飼育数（享保年間）

石高	家臣（人）	軍役（疋）	小計（疋）
10,000石以上	12	20	240
7,000石以上	4	14	56
5,000石以上	7	10	70
4,000石以上	6	6	36
3,000石以上	14	4	56
2,000石以上	26	2	52
合計	69		510

「〔享保九年士帳〕」（金沢市立玉川図書館近世史料館所蔵加越能文庫№16.30-43）・『加賀藩史料』第2編（清文堂出版、1930年）により作成

前付近で、金沢城下のメインストリート沿いに米屋などの商店が軒を連ねているのである。

乗馬している武士は、肩衣《かたぎぬ》と半袴《はんばかま》を着用している。その容姿から察すれば、元服《げんぷく》する前か。彼のまわりには、主君の供をする徒《かち》、鑓を持つ鑓持《やりもち》、主君の必要な道具を箱に入れて運ぶ挟箱持《はさみばこもち》など十一人がいる。このような供連れで登城し、あるいは外出もしていた。

上級家臣は、武士であるがゆえに、戦時でも平時でもウマを飼っておく必要があった。加賀藩の家臣団すべてで、どれほどのウマが飼われていたのか、その正確な数はわからない。ただし、ある程度は推測できる。それを示したのが表4－3で、家臣団の石高と元和二年（一六一六）の軍役規定とを照らしあわせてウマの飼育数を割り出してみた。享保年間（一七一六―三六）でみると、家臣六十九人で五百十疋のウマが飼われていたことになる。これは軍役をもとにした最低基準にすぎないので、実際にはもっと多く飼われていたのではなかろう

か。

次に藩主をみていこう。藩主のいる金沢城内にどれほどのウマが飼われていたのかもわからない。しかし、厩を管理する職制が整っていたこと、城の西から南にかけて広大な馬場が設けられていたこと、表4－3によれば一万石以上の家臣でさえウマ二十疋を飼っておく必要があったこと、さらに厩には「三十疋建」「二十疋建」「飼料所」などの建物があったこと、これらの点をふまえれば、飼育されていたウマはかなりの数に上ったと想像される。

享保九年（一七二四）における家臣の石高は、総数にして八十万石を超える。[20] 加賀藩の石高百二万石余りのうち、それ以外の約二十万石をもとに、藩主みずから軍を編成すると仮定して試算してみよう。将軍も大名を軍事動員する基準を設けていた。寛永十年（一六三三）に出された幕府の軍役規定によれば、十万石の大名であれば騎馬百七十騎を出す決まりがあった。[21] これをふまえれば、藩主の前田家が二百疋以上のウマを飼っていたとしてもおかしくはない。仮に、これだけのウマが飼われていたとすれば、猿引が祈禱したり、あるいはイベントで衣装が用意されたりしたのは、藩主自身や家族が乗るためのウマだけだったのかもしれない。

藁・糠の銀納化

ところで、元和三年（一六一七）の夫銀化は、村から藩への藁・糠の供給がストップしたことを意味する。このままではウマに餌を与えられない。

ただし、夫銀化は加賀藩だけのことではない。なぜなら、前述した大石久敬が著した農政支配の手引書『地方凡例録』のなかに、こんな記述があるからだ。村が納める税のひとつに糠藁代《ぬかわらだい》がある。これは幕府の直轄領、すなわち幕領にはない。それ以外の領地に課せられる小物成で、古来は「飼馬料《カイバレウ》」という名目で藁・糠を納めさせていたが、昔から石高に応じて貨幣で納めている、*22と。なぜ藁・糠の現物を納めなくてもよいのか、その理由としては次の三点が考えられよう。

（一）泰平の世の到来

加賀藩で夫役・小物成の夫銀化が実施された理由として、これまでの研究では、①貨幣経済の発達と年貢納入の制度化、*23②貨幣をとおした商品流通の掌握、*24③年貢負担者としての百姓の維持・確保、*25④年貢収納体制の強化、*26⑤公領地の支配体制の強化、*27⑥戦国の終焉、*28という六点が、おもな意見として出されている。

藁・糠に限って考えてみると、それらが武士の飼うウマの飼料となっていた点をふまえれば、もっとも理由としてふさわしいのは⑥となる。二年前の元和元年（一六一五）に、家康は大坂城の豊臣秀頼《ひでより》（一五九三―一六一五）を攻め滅ぼした。大坂の役《えき》である。これが終わり、泰平の世が到来した。もちろん、それから二十二年後には天草・島原一揆が起きるのだが、戦国の世のように藁・糠を大量に常備し、いつでも騎馬を戦地へ向かわせる、そんな臨戦態勢を維持しておかなくてもよい。夫銀化には、このような時代背景があった。

（二）百姓の負担軽減

理由③にも関連する。たとえば、寛文六年（一六六六）、藩は石川郡・河北郡の村々に、「御馬のぬか《（糠）》・わら《（藁）》」など十六種を買い上げることを伝えた。しかし、そうすれば村に現金収入がもたらされるにもかかわらず、百姓にとって「隙をかゝり迷惑」という理由で、十村は相談させてほしいと要請している。[*29]

「隙《ひま》をかかる」というのは、時間を要すという意味だ。多忙な農作業のあいまに藁・糠を納めることは、百姓にとって時間がかかって迷惑であり、その手間が多くなれば、年貢の納入にも支障をきたす。夫銀化は、その負担を軽減するための措置だったともいえよう。

（三）飼料の消費量

ウマはどれくらいの量の藁・糠を必要としたのか。『御厩方旧記』には、時期によって差があるが、だいたい藩の厩で一日一疋あたり藁一貫《かん》から五貫（一貫＝六把《わ》）・糠二升から三升を与えるという規定が記されている。[*30] 元禄元年（一六八八）、藩の旗本軍を率いる馬廻頭《うままわりがしら》は、算用場奉行に対して、藁の一把と一束との違いを尋ねた。すると、それを調査した十村からは、一把とは一つかみのことで「十二把を一束」に換算しているという返答があった。[*31] そこで藁一束＝十二把、糠一俵＝〇・五石と仮定すれば、一年間あたりウマ一疋で、以下の量の飼料が消費されたことになる。

藁　一日一貫から五貫（一貫＝六把＝〇・五束）×三百六十日＝百八十束から九百束

糠　一日二升から三升（一俵＝〇・五石＝五十升）×三百六十日＝十四俵から二十二俵

ここで導き出された消費量と、前述した元和の藁・糠規定とを比べてみよう。藩の厩では、藁・糠以外にも大豆・秣《まぐさ》などが与えられていた。それらの量にも左右されるが、元和の藁・糠規定によって徴収された一千石あたり藁六百束・糠二百俵という量で、藁をベースに見積もれば、ウマ二疋くらいは飼えたと判断できよう。表4－3のように、元和二年（一六一六）に公布された軍役規定によれば、騎馬としてウマ二疋を率いるのは、二千石以上のクラスの家臣である。二千石分の領地があればウマを四疋くらい飼えた計算になろう。元和の藁・糠規定の数値は、軍役規定と緩やかに連動していたと評価できる。

こうした飼料の消費量からも、藁・糠が夫銀化された理由を考えることができる。年貢の算出法を示した表4－2によれば、上田一反＝米二・四石＝藁九十束であるから、仮に一千石の上田ならば、三万七千五百束もの藁が得られる。元和の藁・糠規定に示されるように、そのうちウマに与えられる藁が六百束とすれば、それは上田から得られる藁の、わずか二パーセントにも満たない。逆にいえば、九十八パーセント以上の藁は余剰となる。しかも、表1－1に示されているように、十七世紀には新田開発が進む。これにともない、千万無量《せんまんむりょう》の藁・糠が産出され、それらがあり余るようになった。農作業で忙しい百姓の手をわずらわせなくても、次に述べるような方法で村から容易に藁・糠を調達できた。これもまた、夫銀化の一因といえる。

藁・糠の入手方法

では、どうやって武士は藁・糠を入手していたのかといえば、おもに三つの方法があった。

（一）村から購入

前述したように、いくら代金が支払われるとはいえ、手間暇がかかるので百姓としては納めたくはない。それでも別の手段を用いて、藩は村から入手しようとした。

寛文九年（一六六九）、石川郡・河北郡の十村は、改作奉行に藁・糠や「小鳥之餌籾」など八種は、銀を前納してくれさえすれば納めると返答している。[*32] よって、藩が前もって代金を支払うのであれば、村から購入できた。後払いより前払いの方が、百姓にとって資金繰りの面で好都合だったのだろう。

籾も「小鳥之餌籾」として上納されていた。小鳥の餌となったわけである。たとえば、藩主・綱紀が飼っていた鳥のために、米蔵のなかには「鳥部屋」が建てられていたという。[*33] 鳥の餌となる籾は、とるに足らない存在などではなく、むしろ武家社会をささえる重要な役割を果たしていたと考えられる。第三章で述べたように、藩主も含めた上級武士はタカを飼っていたからである。寛文七年（一六六七）、藩ではハヤブサ十五居《もと》が飼われていた。江戸時代では、タカを数える場合には、この「居」が用いられた。一日あたり一居につき、ハヤブサの餌として与えられたハトは二羽。十五居が飼われていたので、毎日ハト三十羽が用意されていたことになる。餌がハトではなく小鳥であれば二百四十羽にも及ぶ。[*34] 一年間で計算すれば、ハトは約一万羽・小鳥約八万羽以上にもなる。そういうハトや小鳥の餌として、籾が武家社会に納められていた可能性もあろう。

（二）請負人に委託

万治《まんじ》三年（一六六〇）、幕府から加賀藩を監察するための役人、国目付《くにめつけ》が派遣された。おもな任務は藩政の良否を幕府に報告することであるため、訪問される藩は神経をとがらせた。加賀藩では国目付が領内に入ると、ある料理を振る舞って迎える。それは第一章で述べた「名魚」、コイとフナであった。

国目付がウマで領内を視察するにあたって、そのウマの餌となる糠が必要になった。そこで、藩の物品を購入する会所奉行は、「上げ人」を決めて円滑に納入するよう郡奉行に命じた。[*35]「上げ人」というのは、仕事を引き受ける請負人のことをさす。藩が必要とする物品は、請負人を選定して納めさせ、その代金が支払われていたのである。国目付の視察の場合は、公用馬が領内を巡回していたから、村に飼料を供出させた。一方、藩の厩で飼われていたウマの飼料は、生産者と結びついた金沢の問屋・商人に納入が委託されていたと考えられる。[*36]

（三）侍屋敷の厩肥と交換

前記（一）・（二）は、藩の厩、あるいは公用馬の場合である。城下でも、上級武士によってウマが飼われていた。藁・糠はどうやって供給されていたのか。

『耕稼春秋』によれば、金沢から遠方の百姓は、田畠の肥料となる下肥《しもごえ》を、城下の侍・町人・寺社の屋敷から得ていた。下肥とは、ヒトの屎尿のことをさす。ただし無料だったわけではない。七、八人から十人が居住する屋敷ならば米五斗、四、五人の屋敷ならば米二斗五升を秋に納めることを条件にして、下肥と引き換えていたのである。この習慣を「付坪《つけつぼ》」という。

次のような方法があったことも又三郎は教えてくれる。

侍屋敷馬屋こえ（肥）は大形其百姓、又はぬか（糠）・わら（藁）等入百姓取もの也、此代銭は残らず中間・小者の取事也[*37]

侍屋敷からの厩肥は、だいたいはその侍の百姓か、もしくは糠・藁などを納める百姓が得ている。この代金は、残らず中間《ちゅうげん》・小者《こもの》が取っている、と。

厩肥とは家畜の糞尿と藁などを混ぜて腐らせた肥料のことだが、ここではウマの糞尿そのものをさしているのだろう。侍屋敷からの厩肥は、百姓が藁・糠などと物々交換して手に入れることができた。それに際して、武家奉公人である中間・小者が、手間賃と称して、いくばくかの金を受け取っていた。したがって、百姓が個別に侍屋敷を訪れ、厩肥と交換することで、藁・糠が武家社会に供給されていたのだ。百姓たちは、特定の侍屋敷の中間・小者に手間賃を支払うことで、その屋敷の厩肥を独占できたものと考えられる。

「まさかの時」のプラン

江戸中期の儒学者・荻生徂徠《おぎゅうそらい》(一六六六―一七二八)は、享保十二年(一七二七)、八代将軍・徳川吉宗に謁見を許された。その頃にまとめ、将軍に献上された政治改革論が『政談《せいだん》』である。同書によれば、第一章でも述べた前田綱紀の政治は、次のように評判もよい。

加賀国には非人一人もなし、非人出れば小屋を立(建)て、入れおきて草履を作らせ、縄をなわせ、種々の業を申し付く、……誠に仁政なるかなと存じたる也、今は如何なるらん*38

加賀国には、乞食(非人)が一人もいない。乞食が出れば小屋を建てて、そこに入れて草履を作らせ、藁を綯わせ、いろんな仕事を与える。誠に仁政であると考えてはいるが、今はどうなのか、と。

寛文十年（一六七〇）、金沢城の南東部に救小屋《すくいごや》（非人小屋）が設けられた。乞食はそこに収容されれば、飯米が支給されて、手に職をつけさせて社会復帰することができた。この話は徂徠が十七、八歳の時、加賀から上総《かずさ》国（現千葉県中部）に移住した者から聞いたというが、その後はどうなったのだろう。

一つの史料を読んでほしい。『御厩方旧記』のなかの次の史料は、はっきりとした年代がわからない。ただ前後の記述から、『政談』が献上されて半世紀ほどたった、安永年間（一七七二―八一）あたりと推測できる。そうだとすれば、加賀藩は前田治脩《はるなが》（一七四五―一八一〇）が藩主に就任したばかりで、逼迫していた藩財政を建て直すため、財政改革に着手しようとしていた時期でもある。藩政を刷新していこうとする風潮ゆえか、厩方の役人も、こんなプランを考えていた。

一、亀坂非人小屋ハ、まさかの時ハ御厩ニ相成ル、是ニ千疋建由、治世ハ四百五十石より馬持、軍役ハ弐百五十石より自分馬、其外御備ハ御厩より御貸馬、右小屋江ハ在郷馬撰立、士之二・三男御貸馬、口付ハ里子抔ヲ撰立付申事之由*39

亀坂《がめざか》の非人小屋は、まさかの時には厩にして、そこに一千疋ものウマを行かせる。泰平の世では四百五十石以上のクラスの武士にウマを飼わせ、二百五十石以上のクラスの武士には自分の飼うウマで軍役を課し、そのほか防備のために厩よりウマを貸与する。この小屋には、在郷からウマを選んで入れ、武家の次男・三男に貸すことにし、里子などを選んで口付《くちつき》をさせる、と。

「非人小屋」は救小屋のこと、「亀坂」は救小屋の近くの坂のことをさす。「里子」は村で農業奉公をする者のことを意味し、救小屋に収容されると、やがて新村を立てさせることもあった。その里子を、ウマを引かせる口付にするという。「まさか」とは予期せぬ危急な事態のことだから、非常時、具体的には戦争や騒乱とみなしてよいだろう。すなわち、非常時には、救小屋を厩にするプランが考えられていたのだ。

これは机上の空論ではなく、以下の三点からみて、きわめて現実的なプランだった。

第一に、家臣数を試算していたとみなせること。一千疋のウマを率いるには、最低でも同数の武士が必要だ。享保九年（一七二四）の例をあげると、家臣は千百人以上もいたが、二百五十石以上の家臣に軍役が課されたとすれば、その数は六百二十人余りしかいない。[40]しかし、これにその武家の嫡子・次男・三男あるいは陪臣《ばいしん》も含めれば、武士を一千人は集められたのではないか。

第二に、救小屋にウマを収容できたこと。ここへの収容者数は、設立当初で千七百五十三人、[41]しかも建物の造りは「全く厩に異ならず[42]」というから、一千疋ものウマを入れることは可能だった。

第三に、在郷でもウマが多く飼われていたこと。天和《てんな》元年（一六八一）、加賀平野のうち石川郡だけで、三千百九十八疋ものウマがいるとの報告がある。*43 図4－5を見ても、宝暦五年（一七五五）には二千疋余りのウマがいた。城外で飼われている膨大な数のウマのなかから、軍馬を選ぶことができたといえよう。

平時には貧民を助ける施設も、非常時には軍事施設に様変わりする。そんな秘策を厩方が練っていたとは。武家政権は、やはり軍事政権であったことを、あらためて思い知らされる。

三　下肥と商品作物

町社会と藁・糠

町社会の藁・糠・籾のうち、籾の実態はわからない。前述したように、藩は金沢の問屋・商人に委託することで、必要となる物品を納めさせていたとみられるので、おそらく村から一時的に流入はしていたことだろう。一方、藁・糠は町社会へ供給されていた。町社会でもウマが飼われていたからだ。寛文期（一六六一－七三）の例を二つあげてみよう。

寛文六年（一六六六）、大名が江戸と国元とを行き来する参勤交代にともない、藩主の綱紀は、江戸から帰国の途につくことになった。しかし、荷物を運ぶウマが足りなかったからか、藩の財務を担当する算用場奉行は滞《とどこお》りなくウマを手配するよう改作奉行に命じた。江戸から要請されたのはウマ七百疋、これに対して算用場奉行は「宿馬」など約一千疋を宿場へ待機させておく算段をつけた。*44

同九年（一六六九）、藩は石川郡・河北郡の村々に、朝鮮米と唐干を試作させた。唐干は、第一章で述べたように大唐米のことをさす。試作させた理由はわからない。米の品種管理を意図してのことか。翌年、算用場奉行は、それらを籾のまま「馬借」で藩の米蔵へ送り届け、それにかかった費用を藩から受け取るように、村々へ命じた。*45

「宿馬《しゅくば》」とは宿駅のウマ、「馬借《ばしゃく》」とはウマで荷物を送る運送業のことをさす。藩主御用以外は公定駄賃が定められており、これで商品も運ばれた。ウマの餌については、参勤交代など公用の場合には、藩から飼料が支給されていた。そのほかの場合、藁は「金沢近所藁売所」*46があったので、藁を売る村々から購入できた。

一方、糠はわからない。村から、あるいは米問屋から入手していたものと想定されるが、いずれにせよ村社会が、その供給地となっていたはずだ。このように町社会においても、村社会から供給された藁・糠がウマのエネルギー源となり、運輸を担っていた。

ところで、町社会ではさらに別の用途で、藁・糠のうち一方の品物の需要が多かった。図4－

7を見てみよう。屋根の上部が白い。雪が降り積もっているのだ。厳冬の正月、百姓は、天秤棒《てんびんぼう》をかついで城下町へ向かっている。前の二人は大根、後ろの一人は藁を桶《おけ》の上に載せている。前述したように、金沢から遠方の百姓は、「付坪」という方法で下肥を得ていた。一方、近郊の百姓も、藁や野菜と交換することで、侍屋敷や町家からそれを入手していた。

図4-7が示すように、町社会においても、需要が多かったのは藁だった。その主たる用途は、燃料用だろう。なぜなら藁はすぐに燃えるので、炊飯用の燃料に適していたからである。

図4-7　金沢へ向かう百姓
西尾市岩瀬文庫所蔵『耕稼春秋』より

下落していく藁の価値

ところが十七世紀末には、その藁の価値に急激な変化がもたらされる。『耕稼春秋』から、その変容をまとめれば、次の三期に区分できる。

（一）元禄十―十一年（一六九七―九八）以前

藁と下肥とが物々交換されていた。冬から春にかけては小便一荷につき藁二束、二月末からは一荷につき三、四束、五、六月は六束というのが交換レートであった。一荷とはひとりで肩に担える量をさすので、まさに図４－７において天秤棒でかつがれている桶二つ分と同じ量となる。肥料を多く使う夏には藁の価値が下がり、逆にそれを使わない冬には価値が上がった。

（二）元禄十一―十二年（一六九八―九九）

それからわずか一年ほどしか経っていないのに、又三郎は藁と下肥の交換が、次のように変化していたと話す。

藁にてハ町方大方かへ《替》ず、是に依て百姓秋菜・大根或ハ木瓜・かた瓜・茄子多く作り、段々こゑ《肥》を多する[*47]

町方では、たいてい藁では交換されなくなった。そのため、百姓は秋野菜・大根あるいは胡瓜《きゅうり》・かた瓜（瓜の一種）・茄子《なす》を多く栽培するようになり、しだいに肥料を多くするようになった、と。

藁と下肥は交換されなくなった。百姓は下肥を手に入れるために商品作物を栽培したが、かえって肥やしを多く使うようになった。野菜のない百姓は購入して用意しなければならない。とりわけ、肥料を多く使う夏のレートは悪い。六月から八月にかけては、最初は小便一荷を瓜・茄子五、六個と交換できたが、のちには十五個から二十個が必要になっていく。

瓜に関連して、『おくのほそ道』の一句を紹介したい。東北の次に芭蕉が目指したのは北陸だ。ちょうど又三郎が十村を務めていた時、七月中旬に金沢を訪れていた。

秋涼し手毎《てごと》にむけや瓜茄子《なすび》*48

ようやく暑さが収まりはじめた頃、秋風の涼しさを感じながら瓜や茄子を手でむいた。そのような句を、芭蕉は詠んでいる。

その瓜と茄子は、金沢の近郊農村では六月から出荷シーズンを迎える。瓜にはいくつか種類があるが、芭蕉が手にしたのはおそらくは菓子瓜だろう。図4－8は、それを収穫している場面（部分）である。実は黄色で甘い。百姓は、よく太らせて熟した実を鎌で切りとり、天秤棒をか

図4-8　瓜の収穫
西尾市岩瀬文庫所蔵『耕稼春秋』より

ついで運んでいる。この絵に描かれた瓜は、百姓にとっての商品作物としてだけではなく、下肥と交換する野菜として育てられていたのかもしれない。

(三)　宝永二年（一七〇五）頃

（二）から六、七年後、又三郎は下肥の現状をこう説明する。

> 今宝永酉（宝永二年）の年頃より町方貧者共ハ何も銭にて替る、冬ハ下直、二月末より七、八月迄一荷十四、五文より三十文迄買、高直の時分ハ必百姓こゑ（肥）多く入時分也*49

今の宝永二年（一七〇五）頃より、町方の貧民たちは、誰もが銭で交換している。冬の値段は安いが、二月末から七、八月は、一荷につき十四、五文から三十文のレートで百姓は買う。高値になるのは、百姓が多くの肥料を必要とする時だ、と。

貧民は下肥を売るようになった。百姓は足元をみられていたのか。ということは、図4-7で大根を運ぶ百姓二人は、貧民ではない町家をまわっているのだろう。藁は、もう下肥とは交換されていない。それでも一人が藁を運んでいるのは、町家ではなく、侍屋敷の厩を訪問しているのか。

新田拡大の代償

下肥と交換できなくなるほど、藁の商品価値が急激に下落していた。これをほかのデータによって検証してみよう。表4-2によれば、元禄七年（一六九四）の時点で藁九十束で銀六匁三分の売り上げがあった。一匁が藁十四束程度にあたる。一方、『耕稼春秋』によれば、藁のレートが高い年末でさえ、「銀壱匁三十束程」で売られていた。[*50]ということは、束の太さによって差もあるが、次のようなレートで取り引されていたことになる。

元禄七年（一六九四）　銀一匁＝藁十四束程度
宝永二年（一七〇五）頃　銀一匁＝藁三十束程度

わずか十年ほどで、藁の価値は半分に下落してしまったのである。

その原因は何か。まず、新田開発によって藁の産出量も増えたことから、社会に藁が溢れて、その商品価値を下げたことがあげられる。さらに、村社会で下肥の需要が多くなり、これに便乗

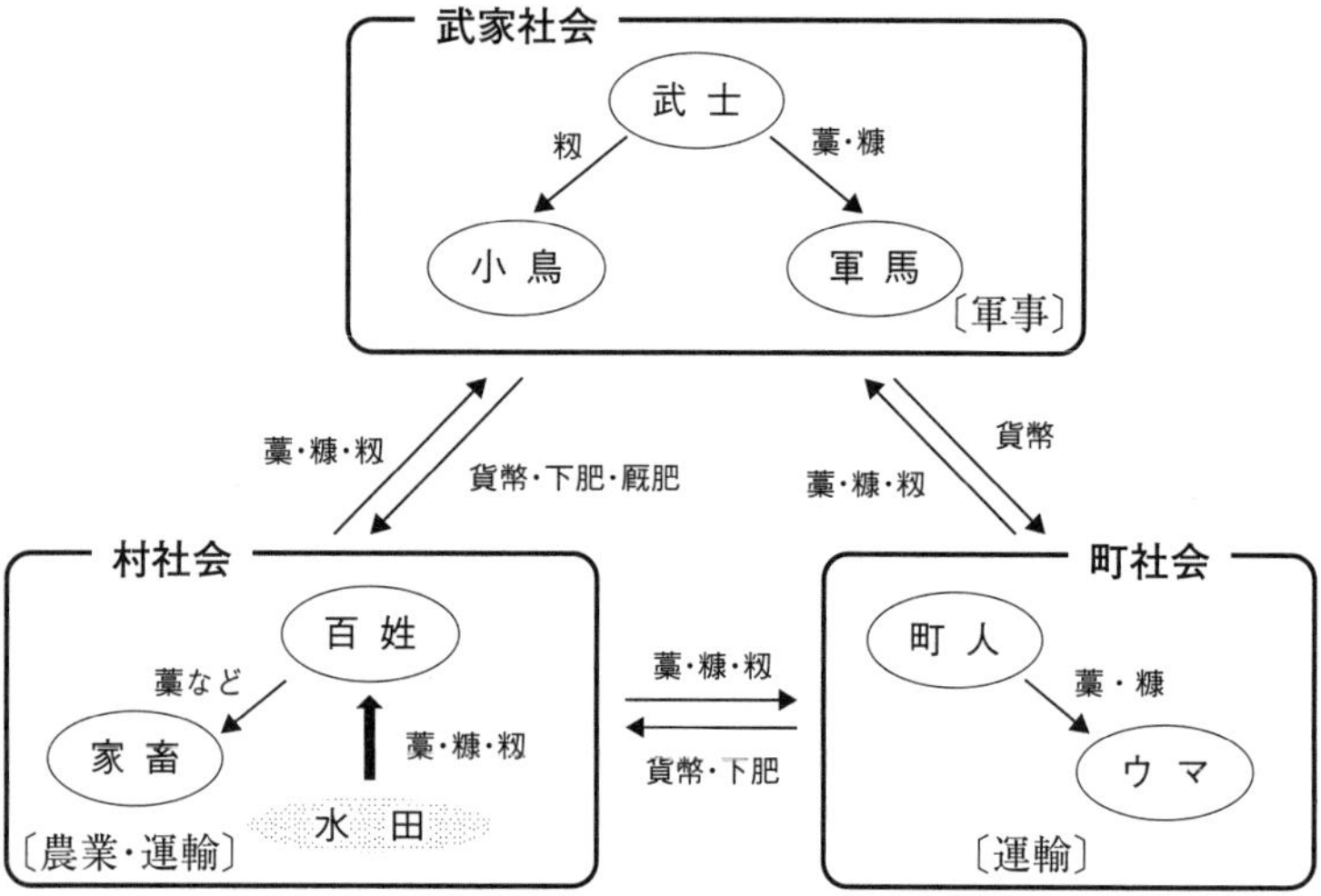

図4-9　藁・糠・籾と村・武家・町社会

して町人が下肥を売り渋ったことで、その商品価値がますます高まった。これらが原因となって、藁と下肥との需給のバランスが崩れていったと考えられる。藁の価値が二束三文《にそくさんもん》になってしまったこと、これは百姓にとって、新田拡大の代償だったといえよう。

以上をふまえ、図4-9には、江戸時代の社会における藁・糠・籾の流通の実態をおおまかに図示した。これまで単なる「稲の副産物」とみなされ、あまり注目されてこなかった藁・糠・籾は、社会の内部をこのように流通していたのである。

稲の生産にともない、藁などが廃棄物として捨てられることなく、社会内部で再利用されていたことから、江戸時代は循環型社会であったと、表層ではみえよう。しかし、町社会の実態からわかったように、都市の住民たちは下肥の需要が多くなると、藁ではなく野菜でないと交換しなくなった。それだけではない。貧民はかつて下肥と藁とを物々交換していたのに、下肥を売って現金を得るようになった。藁を貴重な資源とみなして再利用しようという意識は、そこからは読み取れない。しかも、十八世紀初めに藁は資源としての価値も下落させた。

　飼料としての藁が村社会から武家・町社会に供給されていたのも、ウマなどの餌として需要があったから、その結果として流通していたにすぎない。当然ながら、武家・町社会でウマが飼われなくなり、ヒトとウマとの相利共生の関係が解消されてしまえば、藁の利用と供給も滞ってしまう。

　又三郎は、二月になって雪が解けると、あるものを町社会に売りに来る者がいると言う。

　　山方遠方ハ、天気好日ハ町宿へ炭・薪売に出る、去共金沢へ一・二里有所ハ、日和にかまひ《（構い）》なく薪売に出る[*51]

日和がよい日には、山間や遠方に暮らす者が町や宿駅へ炭・薪《たきぎ》を売りにやって来る。金沢から一・二里のところからは、天候に関係なく薪を売りに来る、と。

里《り》とは、距離を示す単位である。明治二十四年（一八九一）に一里＝約三・九キロメートルと定まったが、それ以前はおよそそれくらいの長さとして使われていた。一、二里ならば、近郊となろう。町社会では炭や薪の需要があるので、町の近郊だけではなく、遠方の者まで、薪や木の小枝を伐《き》り出し、炭を焼くなどの準備をしていた。すぐ燃えてしまう藁と違って、炭や薪は火力も強いし長持ちもする。藁の商品価値が下落したのには、炭や薪が燃料として多く使われるようになったことも関係していただろう。

江戸のエネルギー源

では、藁・糠・籾が社会に流通していたことを、どのような点で評価すべきだろうか。現代と対比して考えてみよう。

現代では、おもに化石燃料や原子力エネルギーをもとにしながら、機械・車・鉄道・船などが動力となって、社会がささえられている。これらは資源を海外に大きく頼っている。江戸時代の社会は、インプットされるのは日光と雨水という自然のみで、国内での自給自足経済を成り立たせていた。[*52] その動力は何だったのか。

結論をいえば、主たる動力は人畜力・風水力であった。人力・畜力を使って農作業などが営まれ、畜力は物資を運び、風力・水力は船を動かした。

動力の規模を、江戸時代と現在とで比較してみよう。馬力《ばりき》という言葉がある。ウマの力のことをさすが、ウマ一頭の力に相当する仕事率もあらわす。一馬力とは、一秒間で七十五キログラムの重さの物を一メートル動かす仕事量にあたる。あるメーカーのトラクターをみると、最小でも十数馬力、最大では百馬力を超す。これらを使いこなす現在の農家と比べると、ウマ一疋＝一馬力を確保するだけでも精一杯であった江戸時代の百姓の動力が、いかに小さかったのかが理解できよう。つまり、江戸時代の社会は、化石燃料や原子力エネルギーに多くを依存する現代の社会とは、文明史的にまったく異質なのである。[*53]

続けて問われるのは、ではこの人畜力・風水力が何をエネルギー源として動いていたかである。現在でいうところの、化石燃料や原子力エネルギーに相当するものは何か。風水力は自然エネルギーであり、現代と共通するので除外するとして、問うべきは人畜力が何によってうまれていたかだ。

十七世紀の新田開発によって、社会に稲が普及した。稲とはすなわち、米・藁・糠・籾である。それらのうち、米はヒトの食料になり、藁・糠はウマなどの家畜の餌となり、ヒトと家畜が農業・軍事・運輸の面での動力を担っていた。すなわち、大量生産・大量消費された稲は、結果として人畜力のエネルギー源にもなり、江戸時代の社会を発展させる原動力の役割をも果たしたのである。

しかし、稲を生産するための水田が広がることによって、うまく循環していたはずの社会には、思わぬところで歪《ひず》みも生じていた。それを次章でみていこう。

註

＊1　本章に関連して、循環型社会については、吉田文和『循環型社会』（中公新書、二〇〇四年）を参照されたい。

＊2　『日本農書全集　第62巻』（農山漁村文化協会、一九九八年）二二六頁。

＊3　日本では、稲作とともに藁が生活に深く根づいた「ワラの文化」が築かれてきたことは、宮崎清『藁Ⅰ・Ⅱ』（法政大学出版局、一九八五年）で指摘されている。

＊4　江戸時代におけるウマについては、兼平賢治「南部馬にみる近世馬の一生」（水本邦彦編『環境の日本史4　人々の営みと近世の自然』、吉川弘文館、二〇一三年）を参照されたい。

＊5　金沢市史編さん委員会編『金沢市史　通史編2　近世』（金沢市、二〇〇五年）。

＊6　寛文十年（一六七〇）の石川郡の百姓持高の平均は約三十四石、そのうち土屋又三郎の居村のある押野組の平均は四十三石余りである。このデータは、中規模クラスの百姓の持ち高を五十石とみなす又三郎の見解を裏づけている（清水隆久『近世北陸農業史』、農山漁村文化協会、一九八七年）。

＊7　『刑銭須知』四（国立国会図書館№一二五―一一八）。

＊8　この算出方法の提案者には、越中国の十村も含まれている。同国では一反＝三百六十歩で検地が実施されている。それを念頭においているため、このように年貢が算出されているとも考えられる。

＊9　『日本農書全集　第4巻』（農山漁村文化協会、一九八〇年）二六六頁。

＊10　木越隆三『織豊期検地と石高の研究』（桂書房、二〇〇〇年）によれば、加賀藩の場合は、石高＝年貢高と考えられている。

＊11　石高の性格について、「生産高＝年貢高」という仮説は、すでに水本邦彦『全集日本の歴史　第10巻　徳川の国家デザイン』（小学館、二〇〇八年）で指摘されている。

＊12　『加賀藩史料　第1編』（清文堂出版、一九二九年）八六九―八七〇頁。

＊13 『加賀藩史料　第2編』（清文堂出版、一九三〇年）一二五―一二六頁。元和元年にも、同じような規定が出されている。
＊14 前掲『加賀藩史料　第2編』三八六―三八八頁。
＊15 前掲『織豊期検地と石高の研究』。
＊16 前掲『加賀藩史料　第2編』四〇〇―四〇三頁。
＊17 「御厩方旧記」三・四（金沢市立玉川図書館近世史料館所蔵加越能文庫No.一六．四五―七三）。
＊18 高木昭作『日本近世国家史の研究』（岩波書店、一九九〇年）。
＊19 前掲『加賀藩史料　第2編』三八二―三八六頁。
＊20 「〔享保九年士帳〕」（前掲加越能文庫No.一六．三〇―四三）。
＊21 石井良助編『近世法制史料叢書　第三』（創文社、一九五九年）六―八頁。
＊22 大石久敬『地方凡例録　上巻』（近藤出版社、一九六九年）二九五頁。
＊23 中村吉治「初期加賀藩の雑租と夫役について」（『研究年報経済学』第十一、一九三九年）。
＊24 佐々木潤之介『幕藩権力の基礎構造』（御茶の水書房、一九六四年）。
＊25 山口啓二「藩体制の成立」（『岩波講座日本歴史10　近世2』、岩波書店、一九六三年）、原昭午『加賀藩にみる幕藩制国家成立史論』（東京大学出版会、一九八一年）。
＊26 若林喜三郎『加賀藩農政史の研究　上巻』（吉川弘文館、一九七〇年）。
＊27 前掲『織豊期検地と石高の研究』。
＊28 木越隆三『日本近世の村夫役と領主のつとめ』（校倉書房、二〇〇八年）。
＊29 『改作所旧記　上編』（石川県図書館協会、一九三九年）一四四―一四五頁。
＊30 前掲「御厩方旧記」三。
＊31 『改作所旧記　中編』（石川県図書館協会、一九三九年）九九―一〇〇頁。
＊32 前掲『改作所旧記　上編』二〇六―二〇七頁。

＊33　森田平次『金沢古蹟志（中）』（歴史図書社、一九七六年）一〇九―一一〇頁。
＊34　「御鷹場之覚等」（前掲加越能文庫№一六・一五―一二〇）。
＊35　前掲『改作所旧記　上編』二一六頁。
＊36　江戸前期における金沢の問屋・商人などを中心とした流通経済については、中野節子『加賀藩の流通経済と城下町金沢』（能登印刷出版部、二〇一二年）に詳しい。
＊37　前掲『日本農書全集　第4巻』二〇三頁。
＊38　荻生徂来『政談』（岩波文庫、一九八七年）五四頁。
＊39　前掲「御厩方旧記」三。
＊40　前掲「〔享保九年士帳〕」。
＊41　『加賀藩史料　第4編』（清文堂出版、一九三一年）二八三―二八四頁。
＊42　前掲『金沢古蹟志（中）』五七―五八頁。
＊43　前掲『改作所旧記　中編』六―七頁。
＊44　前掲『改作所旧記　上編』一五三―一五四頁。
＊45　前掲『改作所旧記　上編』二一六頁。
＊46　前掲『日本農書全集　第4巻』二九頁。
＊47　前掲『日本農書全集　第4巻』二〇一頁。
＊48　『芭蕉　おくのほそ道』（岩波文庫、一九七九年）五九頁。
＊49　前掲『日本農書全集　第4巻』二〇一―二〇二頁。
＊50　前掲『日本農書全集　第4巻』九三頁。
＊51　前掲『日本農書全集　第4巻』一三頁。
＊52　内田星美「江戸時代の資源自給システム試論」（『東京経済大学人文自然科学論集』第六十一号、

一九八二年)。

＊53　水本邦彦「人と自然の近世」(前掲『環境の日本史4　人々の営みと近世の自然』)。

第五章
持続困難だった農業生産

一　停滞期に生じた変化

享保の改革と地方巧者

新田開発ブームに沸いた十七世紀から一転して、十八世紀前半になると開発は冷え込み、停滞期に突入する。なかなか水田が広がらないとなれば、限られた水田をいかに維持するのか、そしていかに収穫を増やすのかがポイントとなる。その結果、社会は成熟をみせるのか、それとも新たな難題を抱え込むのか。本書の主人公・土屋又三郎は開発期に生きていたので、彼の遺した言葉からは停滞期のことがあまり理解できない。そこでもう一人、田中丘隅に登場してもらうこととしたい。

又三郎と丘隅には、農業を熟知している、宮崎安貞『農業全書』の影響を受けている、村・町社会で有力者だったなどの共通点が多い。しかし、大きな違いが三つある。

① 又三郎は百姓に向けての勧農、丘隅は領主に向けての献策を目的に著書を執筆した。

② 又三郎は加賀平野、丘隅は江戸周辺というように暮らしたフィールドが違う。

③ 活躍した時代にズレがある。江戸幕府でいえば、又三郎は四代将軍・徳川家綱《いえつな》（一六四一―八〇）と五代将軍・綱吉による幕政の安定期なのに対して、丘隅は八代将軍・吉宗の享保の改革（一七一六―四五）による幕政の再建期にあたる。

とりわけ③を重視したい。わずか二十年ほどの時間差しかないが、又三郎が活躍したのは水田の広がりつつある開発期なのに対して、丘隅の場合は耕地面積がピークに達した停滞期だからである。だからこそ、停滞期のことを知るために、丘隅の語りにも耳を傾けるのだ。

彼は、こんな素性《すじょう》の持ち主である。もともとは武蔵国多摩郡平沢村《ひらさわ》（現東京都あきる野市）の名主《なぬし》（村役人）の次男として生まれ、東海道川崎宿（現神奈川県川崎市）の名主を務めていた田中家の養子となった。しかし、正徳元年（一七一一）に家督を息子に譲る。この時、数え年で五十歳。隠居してもおかしくない年齢である。しかし、ここから彼のセカンド・キャリアが始まる。江戸で勉学に励むのだが、この時には荻生徂徠の門にも入った。

享保五年（一七二〇）には、西国行脚《さいごくあんぎゃ》の途中で不思議な夢をみて、『民間省要《みんかんせいよう》』を起草することにした。同書では、民政に関する彼自身の意見が述べられている。泰平の世が長く続いているものの、役人は威勢を高めるばかりで民の苦しみを知ろうとしない。民の願いを理解すれば国はもっと豊かになる。丘隅は、そういうことを領主に訴えたかったのである。翌六年（一七二一）に完成された『民間省要』は将軍・吉宗に献上され、高い評価を受けて幕臣に大抜擢《ばってき》された。

それにしても、武士ではない丘隅が、なぜ幕臣に登用されたのだろう。丘隅が入門した儒学者・徂徠は、前章でふれた『政談』で、こんな意見を述べている。

総じて今の世は諸役ともに器量の人なし、これは国家を治むるに大なる愁也[*1]

概して、今の世には、いろんな役職において才能のある人物がいない。これは国家を治めるうえでの大いなる愁《うれ》いだ、と。幕府の人材が小粒になっているというのだ。

幕政を立て直すために、享保の改革を主導する吉宗はどうしたのか。たとえば、米の増収をはかるためには、新田開発の停滞をなんとか打開しなければならない。ところが、旧来の政治路線に引きずられてしまえば大胆な積極策は講じられない。そこでキャリア偏重に陥ることなく、有能であれば出自に関係なく人材を登用することにした。その一人が丘隅であり、ほかに井沢弥惣《いざわやそ》兵衛《べえ》（一六五四―一七三八）などの名があげられよう。彼らのように農村事情に通じた役人のことを地方巧者《じかたこうしゃ》という。江戸町奉行として著名な大岡忠相《おおおかただすけ》（一六七七―一七五一）も農政にかかわっており、たとえば武蔵野《むさしの》新田（現東京都・埼玉県）は、彼が率いた地方巧者のグループが開発を進めた。[*2]

「錐を立てる隙間もなし」

丘隅が活躍した舞台でもある関東について説明しておきたい。

現在、関東といえば東京・埼玉・神奈川・千葉・栃木・群馬・茨城の一都六県をさすが、江戸時代では武蔵・相模・安房《あわ》・上総・下総《しもうさ》・上野・下野《しもつけ》・常陸《ひたち》の八カ国がおかれていた。江戸を中心に平野が広がり、そのまわりに関東山地が連なっている。ここには幕領だけではなく、旗本・御家人といった将軍の家臣団も重点的に配置されていた。

平野部とはいっても、見渡す限り田畠が続くのではなく、雑木林や里山もあり、ここが鳥や獣の棲みかとなっていた。忘れてはならないのは、鷹場がおかれていたということだ。江戸前期から、関東の平野部ほぼ全体に鷹場が広がっていたとみられている。[*3] 将軍の鷹場は江戸周辺に集中し、そのまわりにも、将軍が大名に下賜した鷹場がおかれていた。

丘隅は、江戸周辺の開発状況をこう語る。天正十八年（一五九〇）に徳川家康が江戸に入った頃は、まわりには荒野が広がっていた。しかし、人口が増えていくにつれて、水田をつくるために大地は切り拓かれた。そして十八世紀前半の現状は、このようになっていた。

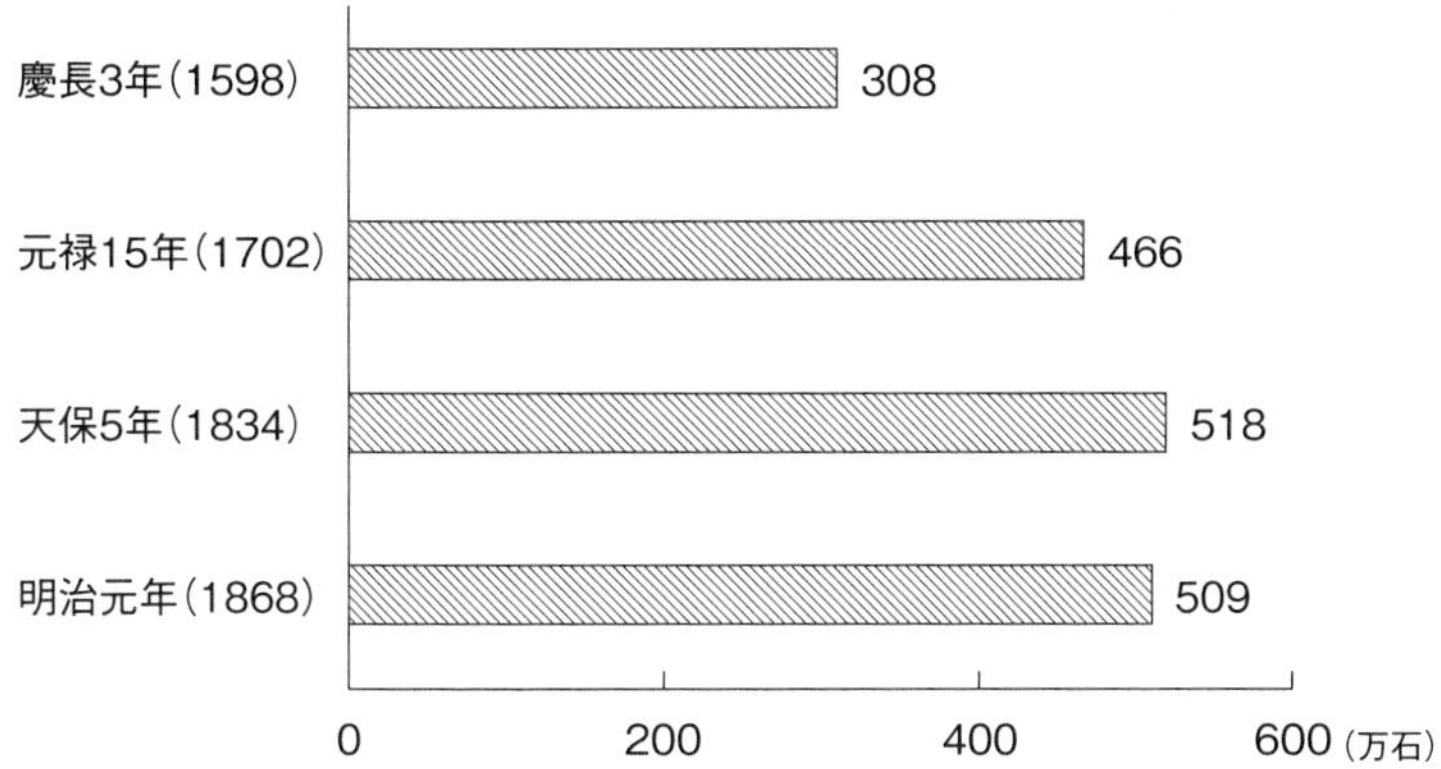

図5-1　関東の石高の推移
『大日本租税志』（金沢税務調査会、1908年）、『関東甲豆郷帳』（近藤出版社、1988年）により作成

　江都の四面、五、六里か《（が）》間の空地、家と成、
　田となりて、今錐を立るの透間なし*4

江戸まわりの五、六里四方の空き地は家や水田となり、今や錐《きり》を立てる隙間もない、と。加賀平野と同じように、江戸周辺でも新田開発が進行していた。その結果、十八世紀前半には、家や水田が密集するようになっていたのだ。

図5－1には、関東における石高の推移をグラフにして示した。家康が江戸に入って八年後の慶長三年（一五九八）は三百八万石だったが、それから約一世紀後の元禄十五年（一七〇二）には四百六十六万石と、一・五倍にもなっている。関東でも十七世紀は開発期だった。新田開発がピークに達した状況を「錐を立てる隙間もなし」と丘隅が語ったのは、正鵠《せいこく》を射た指摘といえよう。

図5－1に戻ると、元禄十五年から約百三十年後の天保五年（一八三四）にかけて石高はやや増加傾向を示している。これは、開発期が継続しているというよりは、むしろ新田開発がピークに達した状況のなかで、八代将軍・吉宗が新田開発を強力に推し進めた結果などによって、一時的に増えたものとみた方がよい。

幕府主導の新田開発

吉宗が新田開発を進めるのには理由があった。

江戸幕府の財政基盤は、幕領とよばれる直轄領からの年貢収入である。図5－2には、その幕領の総石高・年貢収納高の推移が示されている。総石高とは、全国の幕領の石高をひとつに合わせた額のことをさす。一方、年貢収納高は、総石高に対して割り当てられた年貢のことで、これが幕府の取り分となった。十七世紀後半の石高は、三百万石から四百万石に増えている。右肩上がりの傾向であることから、幕府においても十七世紀が開発期であったことがわかる。そのうえ諸藩とは違って鉱山経営や貿易による収入があり、貨幣鋳造権も独占していたことから、幕府の財政状況はかなりよかった。

しかし、支出が増加していったことから、五代将軍・綱吉の元禄（一六八八－一七〇四）末年には、財政の悪化が目立ち始めた。図5－2を見ると、一七〇〇年頃には、総石高だけではなく

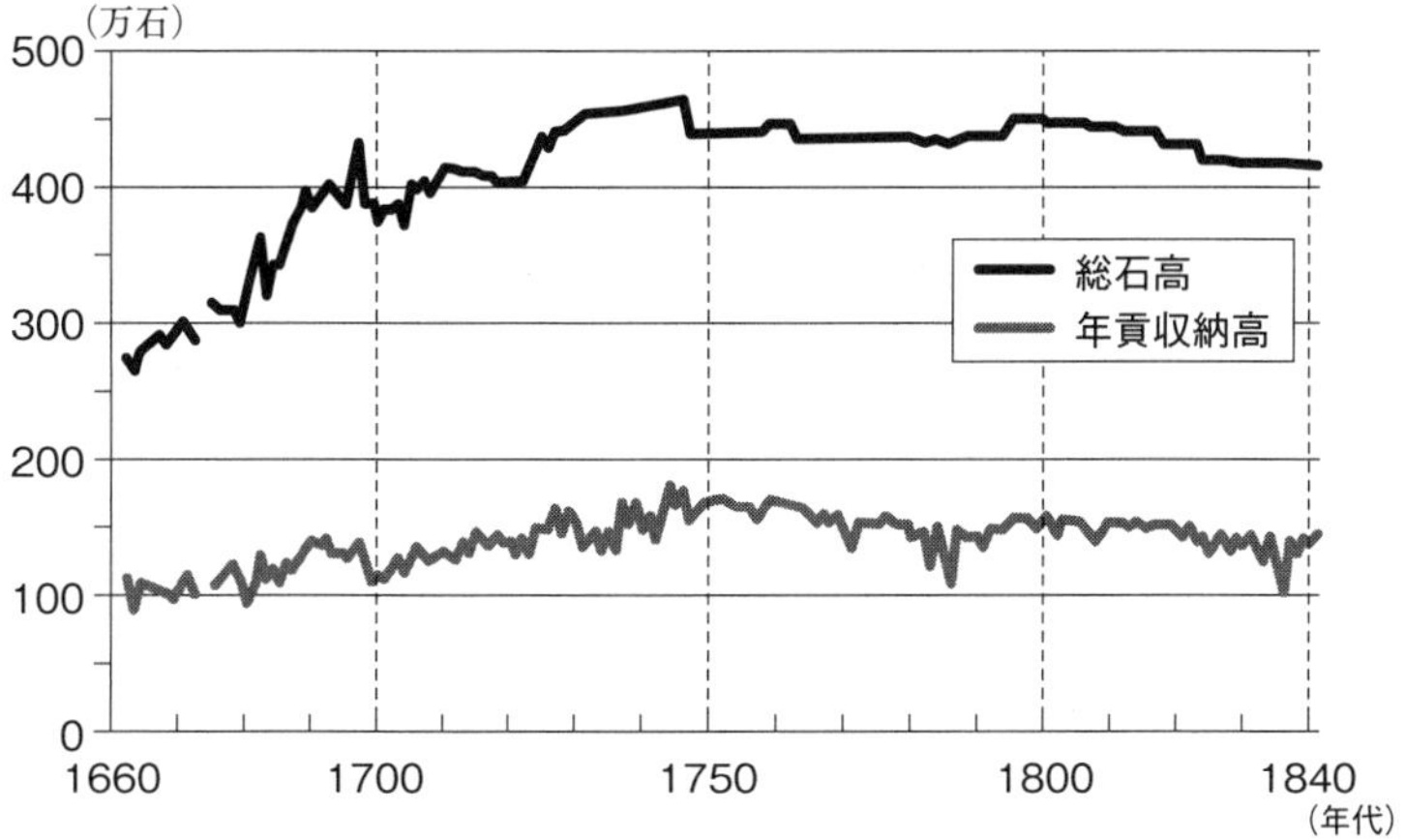

図5-2　幕領の総石高・年貢収納高
大野瑞男編『江戸幕府財政史料集成（上）・（下）』（吉川弘文館、2008年）により作成

年貢収納高まで減少している。吉宗が将軍になった頃は、幕臣の給与が遅配するほどになっていたという。そこで財政を立て直すために、新田開発をすることで米の増収がめざされたのである。

その一環として、享保七年（一七二二）に江戸日本橋《にほんばし》に新田開発を奨励する高札《こうさつ》が立てられた。たとえば、これを見た下総国岡田《おかだ》郡尾崎《おざき》村（現茨城県八千代町）の名主が江戸町奉行所に出願したことで飯沼《いいぬま》新田（現茨城県）は開かれた。この高札はそれほどインパクトの強いものであり、ほかにも紫雲寺潟《しうんじがた》新田（現新潟県）、見沼《みぬま》新田（現埼玉県）、武蔵野新田などが開発された。このように享保の改革では新田開発が奨励されたり、農政を熟知した地方巧者が登用されたりした。にもかかわらず、図5－2を見ると、幕領の総石高は一七三〇年代から四〇年代は増加するものの、一七五〇年代以降は総石高も年貢収納高も低迷している。耕地の拡大が、あまり進まなかったのはなぜか。

一つの開発現場を紹介したい。播磨《はりま》国（現兵庫県西部）の東側には、播磨灘《なだ》へ注ぐ加古《かこ》川が流れる。その中流域の両岸、今日でいう兵庫県加東《かとう》市一帯には低地が広がり、それを囲むように起伏の小さい丘陵が連なっている。この流域では、江戸前期から低地の開発が進んだ。水源を確保しやすかったからである。ところが、低地の開発がピークに達したことから、江戸中期から野山が開発の対象となった。その結果、開発されたのが蜷子野《になごの》新田である（図5－3参照）。

ここは、もともとは近隣の村々が共同で利用していた採草地だった。限られた採草地をめぐって村同士のトラブルが続くほど、そこの草が肥料や飼料として重視されていた。その重要な採草地が新田として開発されたのは、幕府が命じたからである。享保八年（一七二三）、新たな開発地を探すという特命を帯びた役人が、江戸から派遣された。その一人が、前述した地方巧者の井沢弥惣兵衛なのだ。

来訪した彼らは、出願者がいれば採草地を新田・新林にするように命じた。そこで蜷子野を利用する穂積《ほづみ》村などの十二カ村は、ここは古来より草などを入手していた場所ではあるが、他所の者に新田開発が命じられてしまえば迷惑なので、ひとまず耕地として拓くと申請することにした。

ところが、村々は困窮している。しかも、穂積村の庄屋《しょうや》（村役人）を務める松右衛門を代表とする、十二カ村の全村民が述べるには、開発すれば次のような矛盾をきたすという。

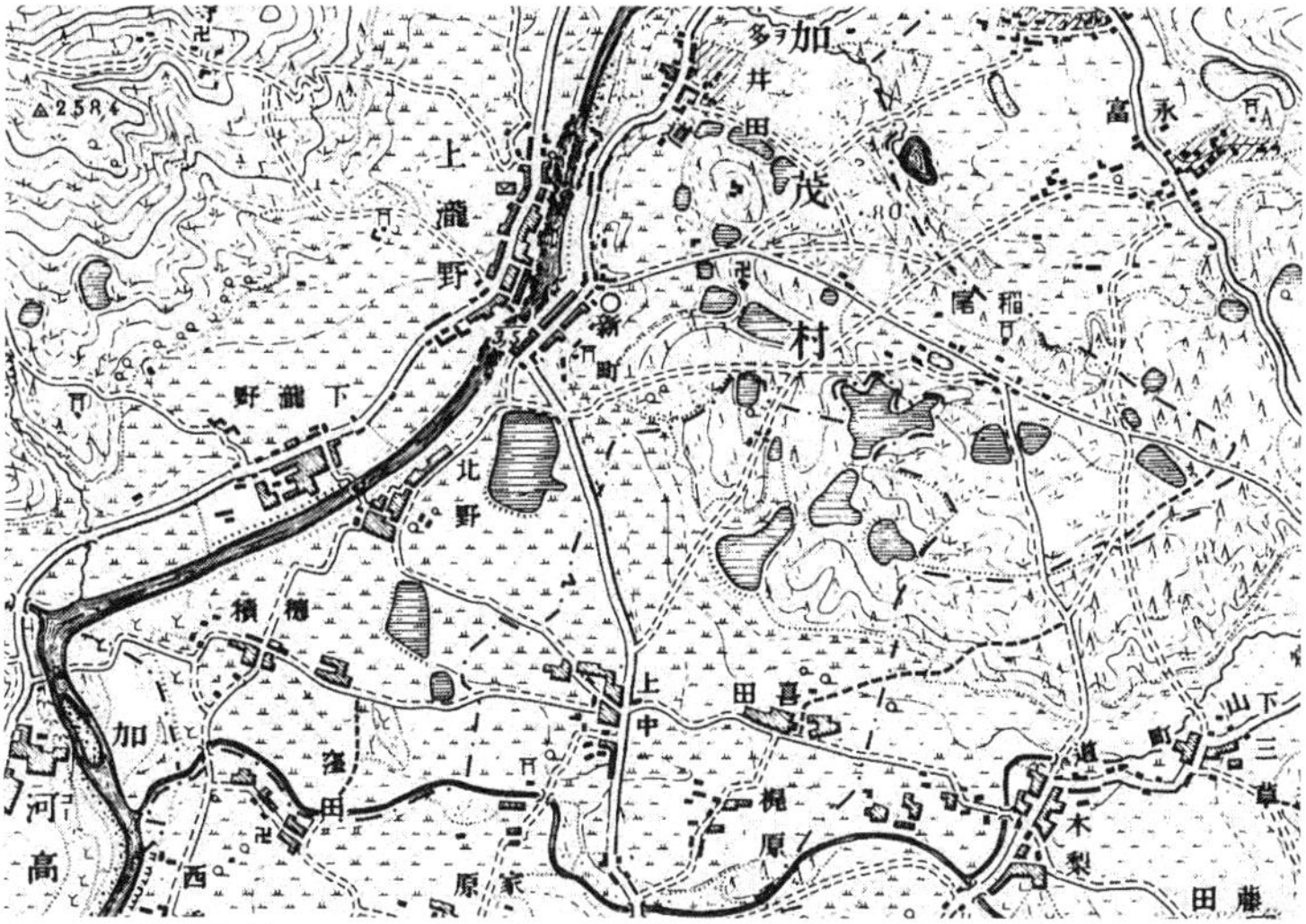

図5-3　蛯子野新田のあった場所（明治中期）　南北に流れる加古川のまわりの低地には水田が広がっている。蛯子野新田は、右上の高台に記されている「稲尾」という地字のところにあった。そこを囲む多井田・新町・北野・穂積・窪田・中（上中）・喜田・梶原・木梨・下三草などの12カ村によって、享保8年（1723）から耕地の開発が進められた。
山口恵一郎ほか編『日本図誌大系　近畿Ⅰ』（朝倉書店、1973年）より

私共外ニ草野少茂無御座候得者、百姓所持之牛馬養可中様茂、こゑ（肥）草取御田地江入可申様無御座候得者、御本田相続難仕奉存候*5
（私ども外《ほか》に草野少しも御座《ござ》なく候《そうら》えば、百姓所持の牛馬養い申すべき様も、肥草《こえぐさ》取り御田地へ入れ申《もう》すべき様御座なく候えば、御本田《ほんでん》相続 仕《つかまつ》り難《がた》く存《ぞん》じ奉《たてまつ》り候）

私たちには、ほかに採草地はない。百姓が所持する牛馬を飼う方法も、肥料となる草を取って水田へ入れる方法もなくなってしまえ

ば、検地を受けて年貢を納める田んぼを相続していくことが難しくなる、と。

草がなくなれば、穂積村など十二カ村の全村民は、飼料と草肥を失ってしまい、農業を維持していくことができない。それにもかかわらず、幕府からは新田開発をおこなうよう迫られていた。そこでこのあと、百姓たちは、他所の者に命じられたとしても仕方がないが、できれば開発を考え直してほしいと、幕府役人に嘆願《たんがん》した。

しかし結局、彼らは蛯子野を耕地として拓くことにした。開発の中止が認められなかったからであろう。新たな耕地として開発されるにあたって、この地は水利に恵まれなかったことから、造成されたのは水田ではなく畠であった。

開発の果て

それから十年たった享保十八年（一七三三）には、穂積村の村役人らが案内して、幕府役人による蛯子野新田の検地がおこなわれた。算出された石高は九十七石三升七合。そのうち穂積村が持っていたのは、土地の等級としてはかなり低い「下ノ下畑」と「砂畑」で、石高も十石六斗余りだった。石盛（斗代）をみると、「下ノ下畑」と「砂畑」は、それぞれ一反あたり四斗と三斗となる。*6 第四章で紹介した加賀平野の水田の石盛が一反＝一石五斗だったので、それと比べると、わずか四分の一から五分の一しかない。いかに耕地として条件の厳しい土地だったのかが理解できる。

ともあれ、蛯子野は幕領の新田村《しんでんむら》としてスタートを切った。開発そのものは、原野の中央に道をとおして区画整理をおこなうなど計画的におこなわれた。通常の村と同じように村方三役《むらかたさんやく》（庄屋・年寄《としより》・百姓代《ひゃくしょうだい》）とよばれる村役人もおかれた。しかし、彼らは一年ごとに交代する年番《ねんばん》制で、十二カ村の村役人が兼務した。入村した百姓は少なく、多くは十二カ村から百姓が出向いて耕していたからである。

幕府の主導で始まった蛯子野新田がその後どうなったのかといえば、水源を確保できず、鳥獣害にも悩まされたことから、しだいに荒蕪地《こうぶち》と化し、年貢の納入も難しくなっていった。その結果、百姓たちはこの耕地を捨て、開発から八十年余り経過した文化年間（一八〇四―一八）頃には、新田はもとの原野に戻ってしまった。*7 せっかく開発が進められたのに、二世代もしくは三世代しか耕地を保てなかったのである。

以上から、新田開発が行き詰まる状況を整理してみよう。水田稲作を営むため、さらに家畜を飼うためには草が必要である。これを手に入れるために百姓が草山を維持していたことは第四章で述べたとおりといえる。ところが、耕地が少なくなり、その草山までもが新田として開発されるようになると、採草地が減ってしまい、飼料と草肥の確保が難しくなった。無理に推し進めた開発がもたらした、新たなジレンマである。

そこまでして開発されたのも、長期的には維持できるかわからない、耕地として不安定な場所であった。にもかかわらず幕府が強力にあと押ししたのである。開発を成功させるためには、水源を確保できるかどうかも大きな問題であった。享保の改革によっても耕地の拡大がそれほど進まなかったのは、新たに開発しようにも耕地化しやすい低地が少なかったからであり、また、用水などの水問題が解決できなかったからである。

流れ落ちる土砂

野山を採草地にするにしても、新田を開発するにしても、百姓たちは同じ問題を抱え込むことになった。元禄年間、紀伊《きい》国伊都《いと》郡学文路《かむろ》村（現和歌山県橋本市）の庄屋・大畑才蔵《おおはたさいぞう》は、『地方《じかた》の聞書《ききがき》（才蔵記）』を著した。紀《き》ノ川流域では、山奥の台地や原野までが田畠として切り拓かれていた。彼は、次のような状況に頭を抱えている。

第一山々次第にあせ、谷々へ砂落入、池・谷・河埋り破損所多く、田畑等も荒、普請も多く、上下費多し[*8]

山々はしだいに衰え、谷々へ土砂が落ちていく。それが池や谷、川を埋めて破損している所が多く、田畠なども荒らす。そのための普請工事も増えるので、領主も村も出費が嵩んでいる、と。

山が緑の木々に覆われていれば、木が土中にしっかりと根を張るので、山肌も固まる。その木が伐採されてしまえば、土砂は流れ落ちるしかない。したがって、草山になるにしても、田畠になるにしても、いずれにせよ地盤が緩んで土砂崩れが起きてしまう。最悪の場合、土砂や岩石などが急激に流れ落ちる山津波《やまつなみ》が起こることもあった。

それに幕府がどう対処したのかといえば、たとえば淀《よど》川・大和《やまと》川流域の畿内《きない》近国（京都に近い山城・大和・河内・摂津・近江の五カ国）では、貞享《じょうきょう》元年（一六八四）から、山間部からの土砂の流出を防ぐために土砂留《どしゃどめ》を命じた。これを担当した大名には土砂が流失していないかを点検させて、流失した現場では植林をさせ、あるいは砂防ダムを敷設させたのである。とはいっても当時の土木技術では、大雨・洪水による土砂の流出をくい止めるのは難しかった。[*9]

川を埋めた土砂は堤防決壊の一因にもなったが、それだけに止まらなかった。川の流れにのった土砂は上流から下流へ流れ下り、やがては海岸にたどり着く。各地の海岸にたまった砂は、潮風にのって飛砂《ひさ》となり、海沿いの村の田畠を荒らすなどの損害を与えた。そこで、海からの強風を防ぐ目的もあって人工的にマツが植林されたのである。[*10] 二〇一一年三月の大津波に呑《の》み込まれた高田松原《たかたまつばら》（岩手県陸前高田市）が、その例としては有名であろう。

すなわち、白い砂浜と緑のマツが続く白砂青松《はくしゃせいしょう》の風景は、実は江戸時代の新田開発にも起因してつくり出されたのである。

二　水田が抱えた矛盾

赤米から白米へ

五穀に限らす《ず》万の種を撰《選》事肝要也*11

五穀に限らず、すべての種を選ぶことが肝心である、と土屋又三郎は述べる。大地にただ種を蒔くだけではいけない。変わり種を選び、新種を導入して試し植えをしていた百姓の姿は第一章でみた。ところが、停滞期になると、種を選ぶこと自体が別の問題を孕《はら》んだ。

水田が広がらないということは、基本的には米の増収は見込めない。そこで領主がとるべき主たる方法は二つある。一つは、落ち込んでいた年貢の収納を増やすこと。たとえば、享保の改革では定免法《じょうめん》が採用されて増収がはかられた。定免法とは、作物の豊凶に関係なく、年貢率を定額にする方法のことをさす。不作の年であれば、それまでなら年貢率を低くして百姓の負担を軽減していたが、その半面で年貢収納は落ち込む。しかし定免法であれば、不作であっても年貢率は定額なので、安定した年貢収入が見込める。図5－2を見ると、享保の改革の期間（一七一六－

四五）に幕府の年貢収納高が少しずつ増えている。その理由のひとつに、この定免法があったといえよう。もちろん、百姓は増税に甘んじていたのではなく、各地で年貢の減免などを求めた百姓一揆を起こすのだが。

もう一つの増収方法は、米の質を高めることである。年貢米の質が悪ければ、米市場などで売却しても利益はあがらず、財政収入にも悪影響をおよぼす。そこで米が汚れたり、砕けたりしていないかが厳しくチェックされた。田中丘隅は、こんな心情を吐露する。

> 赤米・青米ハ、其田地の性ニより種ニよれハ《ば》無是非[*12]

赤米・青米は土地の性質や種によるものなので仕方がない、と。青米とは、実りがよくない米のことをさす。これは、米の色が問題視され始めたということ、つまり白い米が求められているということではないか。

色のついた米はどうなるのか。たとえば赤米は、年貢米・都市・販売市場で美味の白米の需要が高まったことで、しだいに排除されていった。[*13]百姓は種を選んでバラエティに富んだ米を生み出したにもかかわらず、消費する側は白い米を望む。生産者（百姓）と消費者（領主）とのあいだに、米をめぐるギャップが生じたわけである。

百姓にしてみれば、暮らしの安定を最優先させるためには、限られた水田から効率よく収穫を増やしていかなければならない。そこで、収量の多い中稲や晩稲のなかから、商品価値の高い白米を選んで作付けしていったと考えられる。多収量の白い米を選べば確かに米から得られる利益は増えるが、その一方で、二つの大きな問題を抱え込んだ。

一つは、自然災害が起きた時、その影響を受けやすいということである。たとえば、東北の津《つ》軽《がる》地方(現青森県)では多収量の晩稲が普及していたが、これは冷害には弱かったので、元禄八年(一六九五)の大凶作をきっかけに多くの餓死者を出した。*14 仮に田んぼで数種の米が作付けされていたとしよう(図1-10参照)。そうすれば秋に台風が襲ったとしても、その前に赤米は収穫できている。増収をめざして百姓みんなが同じ品種の米づくりをすればするほど、受ける被害も大きくなる。白米をつくるがゆえに、赤米の交じる稲穂の風景は消え、思わぬ災禍《さいか》に遭う可能性が高まっていった。

江戸の〈緑の革命〉

もう一つの矛盾は、より多くの肥料を投入しなければならなくなったということである。早稲に比べて、中稲・晩稲は収穫までの期間が長い。稲の収穫期間をグラフにした図3-11によれば、最短と最長の差は三カ月ある。その期間の分だけ多くの肥料を使うことになるので、コストも嵩む。さらに、肥料そのものにも難題があったのだが、これについては後述する。

ところで、限られた耕地から多収量の品種を育てて収穫量を増やしたのは、けっして日本だけのことではない。現代でも、世界各地で同じようなことが試みられている。いわゆる〈緑の革命〉である。これは、公式には一九四三年にメキシコで始まり、小麦やトウモロコシの生産量が増えた。その結果、食料危機が克服されただけではなく、余った穀物が輸出されるまでになった。一九六〇年代のフィリピンでは、米で取り組まれた。収穫量の多いその米は〝魔法の米〟と喧伝《けんでん》されたという。このように多収量の品種は、アジア・アフリカの発展途上国の農業にとって、豊かさの源泉として導入されたのである。*15

翻ってみれば、米を普及させ、人口を増やし、社会が経済成長を成し遂げるきっかけとなった江戸時代の新田開発は、日本列島の歴史上、〈緑の革命〉の嚆矢だったといえよう。その成果として、プラスの面では、米が生産されることで食糧事情が改善されたこと、余剰米は売却されることで領主や富農などの収入源にもなったことがあげられよう。一方、マイナス面はなかったのか。*16 ここで、第一章で少しふれた文化十三年（一八一六）の『農業談拾遺雑録』を紹介したい。又三郎が『耕稼春秋』を執筆してから一世紀以上が経過した停滞期に、著者の宮永正好は、百姓の心得を、次のように説いている。

太平の御世に生れしハ、朝夕何の煩ひ《い》もなく稼穡《かしょく》に情《精》力を尽し、早春よりの耕耘に怠らす《ず》して其時にお《遅》くれす《ず》、糞培をよくし、風虫水旱等の災なき事を念し《じ》、幸に順気相応すれハ《ば》み《実》

のり恙なく、豊熟を刈取るにいたりて、誠に農家の賑ひ《(い)》、余民の及ふ《(ぶ)》業ならす《(ず)》*17

泰平の世に生まれれば、朝夕何ら心配することもなく農耕に励み、早春から田畠を耕すことを怠らず、その時節に遅れず、肥やしを多く入れ、風・虫・水・日照りなどの災いがないことを祈る。幸いにも気候が順当であれば実りには異常がなく、豊穣な作物を刈り取ることができるので、誠に農家の賑わいは、余人には及ぶものではない、と。

正好も現世を言祝ぐ。一見、停滞期でも百姓はとりたてて苦労もせず、平穏に過ごしているように思えるかもしれない。ところが、ただ真面目《まじめ》に働くだけでは暮らしを守れないことを示唆する言葉も残されている。肥料をよく入れること、風・虫・水・日照りなどの災いがないこと、である。これらがクリアされて初めて、豊作が見込めるというのだ。気象に大きく左右される風と日照りは除いて、本章では虫と肥料をめぐる事情を、次章では水について、深く掘り下げてみていこう。

増殖する虫

まずは虫について、土屋又三郎は、こんな対処法を提示する。

> 指虫・包虫・にち入、いつ《(ず)》れも時分を見合、打こゑ《(肥)》多く入てよし*18

指虫（メイチュウ）、包虫（イネツトムシ）、にち（イモチ病）が発生したならば、いずれも時節をみはからって多く肥料を入れればよい、と。

虫害が起こった時、肥料を入れれば、稲は根をはって立ち直るという。しかし彼は勘違いをしていた。この方法は逆効果だったのだ。稲に被害を与える虫として有名なウンカの例で考えてみると、発生件数が増えていくのは十八世紀の停滞期からである。なぜなら、肥やしのよく効いた水田では、稲が成長するとともに、その稲から汁を吸うウンカもよく育ってしまうからだ。幼虫が茎に入って食い荒らすメイチュウでも同じことがいえる。*19 収穫を増やすために肥料を入れるがゆえに、虫が増殖していく。まさにジレンマである。

田中丘隅は、虫害を次のように認識していた。

> 地震ニて大地をゆ《(揺)》り下ケ《(げ)》、潮水入て変をなし、砂降て木を枯し、鼠涌《ワイ》て根をかじり、虫付て髄を食ふ《(う)》*20

地震が大地を揺り下げ、潮水が入って異常な事態を起こし、砂が降って木を枯らし、ネズミがわいて根をかじり、虫が作物の髄を食べる、と。

丘隅もまた、虫害の原因を突き止められなかった。それどころか、地震・潮水・降砂と同じような天変地異のひとつと考えていた。だからといって百姓は手をこまねいていたわけではなく、おもに二つの方法で対策を講じていた。[*21]

まず、「虫送り」である。これは、虫の発生しやすい夏に村人が松明《たいまつ》を持ち、鉦《かね》や太鼓を鳴らして田んぼをまわるものであった。松明の煙で虫を追い払うことには、少しは効果があっただろうが、これらの方法で虫害を防ぎきれるわけではない。それでも虫送りをしたのは、虫害は〝祟《たた》り〟によって発生するものと考えられていたからであり、それを鎮《しず》めるためには祈りや呪《まじな》いに頼るしかなかった。

これに対して、停滞期から注目されていくのが注油駆除法で、水田の表面に少しだけ油を落とす方法である。稲についた虫を叩いて水面に落とすと、そこに広がっている油で窒息して死んでしまう。この方法の効果を信じる者は少なかったが、十八世紀前半に享保の大飢饉《だいききん》が起こると、ウンカの発生が多い九州を中心とした地域で普及していった。

その油としておもに利用されていたのが鯨油《げいゆ》である。鯨油とはクジラから採取する油のことをさす。もともと九州では、現在の長崎県・佐賀県に連なる五島《ごとう》・平戸《ひらど》・呼子《よぶこ》・壱岐《いき》などで捕鯨が盛んだった。鯨油は、はじめは主として灯火用に使われていたが、十八世紀前半からウンカを駆除するため、水田に注がれるようになった。そのクジラを獲る網の原料となったのが、山野に自生するイラクサ科の苧《からむし》で、九州山地の奥深い肥後人吉《ひごひとよし》藩（現熊本県南部）の特産物なのである。[*22]

写真5-1　虫塚（石川県小松市岩渕地区）　加賀平野では、天保10年（1839）にウンカが大発生した。その時に殺された虫を供養するために建立されたのが、この虫塚である。碑には「虫ノ愁ヲオソレ、後年ノ記録ニ建之」との一文が記されている。明治になって現在の地に移された。岩渕町民は、建立から150年後の平成元年（1989）秋に、記念法要をおこなった。
写真：著者

百姓が注油駆除法で虫害を防ぐためには、クジラと苧という海と山の資源までを必要としたのである。この鯨油を手に入れるためには資金を要するので、それを購入できる富裕層と、それができない貧困層とのあいだにも、米の収穫量の差が広がっていたことだろう。

これらの方法で実際に虫が駆除された例をあげておこう。加賀平野では、天保十年（一八三九）七月中旬からウンカが大発生し、稲を枯らして大損害を与えた。藩は村々に虫送りを命じるものの、被害は拡大する一方なので、今度は木の実油を使用させた。鯨油は西日本でこそ広まっていたが、北陸の加賀平野ではすぐには入手できなかったのかもしれない。木の実油を田んぼに注いだ結果、殺された虫の量は、能美郡岩渕《いわぶち》村（現石川県小松市）という一カ村だけで、木綿袋に入れて十六俵にもおよんだという。虫害のおそろしさ、さらには虫の愁いを後世に伝えるために、十村はその虫を埋葬して虫塚を建てた。[*23] あれほど虫害に悩まされたにもかかわらず、死んだ虫を供養したのである（写真5－1参照）。

その翌年、加賀藩の支藩である大聖寺《だいしょうじ》藩は、百姓四人をウンカの発生の多い九州北部へ派遣した。虫害の発生をどう防ぐのかを調査させて、農政に活用するためである。しかし有効な手立ては得られなかった。その報告書『九州《きゅうしゅう》表《おもて》虫防方《むしふせぎかた》等《とう》聞合記《ききあわせのき》』には、たいていの村では次のような聞き取り結果だったことが記されている。

虫付前に見やう（様）考様無二御座一候事[*24]

虫が発生する前に、それを知ったり、判断したりする方法はない、と。虫害は、江戸時代の百姓がどれだけ知恵をしぼっても根本的には解決できない問題だった。

生類憐みのもとで

虫以外の、田んぼの生き物はどうなったのか。丘隅によれば、四代将軍・家綱の治世（一六五一―八〇）に、江戸周辺ではハエよりも増殖した生き物がいたという。

　雁・鴨の羽音、雷よりもすさまし《(じ)》く、其響キ山を崩、地を動かすか《(が)》こ《(ご)》とく成し[*25]

ガン・カモの羽音は雷よりもすさまじく、響きで山が崩れ、地を動かすほどであった、と。水田に飛び交っていたのはガンやカモといった鳥で、農作物への被害が大きかったことから、百姓は案山子を立てて鳥を寄せつけまいとしていた。新田開発が新たな生き物を増やしたことが、丘隅の指摘からも理解できる。

家綱の次の五代将軍・綱吉は、俗にいう生類憐《しょうるいあわれ》みの令を出して生き物を保護した。この政策では、極端なイヌ愛護ばかりが注目されている。息子を失った戌《いぬ》歳生まれの綱吉が、犬を大切にすることを命じたからだ。たとえば、江戸周辺の四谷・大久保（現東京都新宿区）・中野（現東京都中野区）には広大な小屋が建てられ、野犬が収容された。その費用を負うことになった村々では、百姓の暮らしが苦しめられた。だから庶民からの評判は悪い。

しかし、生類憐みを単なるイヌ愛護とみなすのは正しくない。なぜなら、憐れむべき対象となったのは、イヌに限らずヒトも含めたすべての生き物だったからである。なぜヒトが含まれていたのかといえば、当時の社会には、病人を遺棄したり、赤子を捨てたりするなど、命を軽んじる風潮があったため、ヒトも含めた生類を憐れむことで生き物すべての生命を大切にすべきだと人心の教化をはかったわけである。第三章で、当時の人びとに生態系を守ろうとする意識がなかったことを述べたが、そこにはこうした風潮もからんでいたといえよう。

その生類憐みの一環として、将軍が飼っていたタカが、無益な殺生をするとして放たれた。これはヒトとタカとの相利共生の関係が解消されたことになるので、いったんは日本近世型生態系の系統②「水田・草山―ヒト（武士）―タカ」の関係が崩れたわけである。それどころか、田畠に獣害があっても、発砲することは禁じられた。生類憐みのもとで、鳥や獣たちは増殖していったのだ。[26]

厳しい鷹場の管理

宝永六年（一七〇九）、綱吉の死後に、生類憐みはほとんど廃止された。丘隅は、ある生き物の変化をこう語る。

在々所々迄、鉄砲御免ニて、猪・鹿、心の儘ニ打レしより、諸鳥も驚立て、今の世ハ雁・鴨其頃の十か《が》一もなし[27]

あらゆる場所での発砲が許され、イノシシ・シカは思う存分に撃たれるので、鳥たちも驚いて飛び去り、今の世ではガン・カモはかつての十分の一もいない、と。綱吉の死後、獣を駆除するための発砲が許された。田畠を守るためである。今度はその発砲音で鳥が驚いていなくなってしまい、丘隅によればガン・カモの数は激減していたという。

鷹場に鳥がいない。これを問題視したのが、鷹狩りを復活させた八代将軍・吉宗である。鳥がいなければ鷹狩りはできず、タカの日常の餌も不足してしまうからだ。吉宗は庶民に「鷹将軍」と皮肉られるほど、非常に鷹狩を好んだ。しかし、タカを放つことは軍事訓練をするようなもので、行く先々を視察できるというメリットもあった。また、綱吉のもとで廃止されていた、タカをめぐる贈答儀礼も再開された。

鷹狩りの復活にともない、江戸まわりは将軍の鷹場として管理が厳しくなり、自由に鳥を獲ることができないどころか、案山子を立てることまで禁じられた。第二章で、水田には武士系テリトリーと百姓系テリトリーとの相克があったことを指摘した。この場合、武士の生業である鷹狩りが、百姓の生業である農業に多大な影響を与えたわけである。

それだけではなかった。鷹場に指定されてやっかいだったのは、タカを飼育・訓練する鷹匠《たかじょう》や餌指といった、鷹場を維持・管理する役人が配置されてしまうことだ。彼らは、タカのために不意に村を訪れては田畠を荒らし、村人に接待を強要する。増えすぎたガンやカモに対して、百姓たちは協力して、こっそり追い立ててもいた。しかし、もしそれが鷹匠や餌指に見つかれば、捕縛・禁獄などの処罰が待ち受けていたという。鷹匠・餌指に対して、丘隅は苛立ちをぶつけた。

　民間ニ害をなす事、虎狼よりもすさまし《(じ)》く、蛇蝎よりもうるさし[28]

民間に害を与えること、虎狼《ころう》よりも恐ろしく、蛇蝎《だかつ》よりもいまいましい、と。水田が鷹場になれば、トラやオオカミよりも残酷で、ヘビやサソリより嫌われる鷹場役人が管理する。しかも、漁業や釣りで魚を殺すことが禁じられ、稲刈りで落ちた籾をそのまま田に残しておくために、水を張ることや土を起こし返すことまで禁止されたのである。魚や籾を餌とする鳥が居つきやすい環境を守るためであった。[29]

　さらに条件の厳しい場所では、鳥を驚かせないために、獣害があっても発砲さえ許されなかった。イノシシやシカにしてみれば、天敵のヒトがいなくなったも同然である。これでは獣害は拡大していく一方ではないか。日本近世型生態系の系統②「水田・草山―ヒト（武士）―タカ」の関係を守るため、江戸周辺では鷹場内の生き物がコントロールされるがゆえに、もう一方の系統①「水田・草山―ヒト（百姓）―ウマ・ウシ」のなかでは食物連鎖が変質していった。

三　肥料不足の深刻化

いつまで持続可能だったのか

江戸時代では、ヒトと自然とが調和し、資源の再利用が実現した循環型の社会づくりは、深層では達成できていなかった。では、社会の根幹であったはずの水田での稲作は、そもそも循環型で持続可能な農業生産だったのか。そのあたりの実情を、又三郎は過去と現在とを比べてこう話す。

古ハ人少々、田地余り有所ハ年々に地をかへ《（替え）》、或ハ一両年も地を息《（休）》め置て作りし事有と云り、糞養おろそかにても能実りて、秋のやしなひ《（養い）》乏しからす《（ず）》＊30

古くは人口が少なかったので、田地は場所が余っていれば、毎年のように土地を替え、あるいは一、二年ほど土地を休めておいて作付けすることができたという。田地に入れる肥やしが不足しても、作物はよく実り、秋の成長も充分であった、と。

まだ土地が余っていた開発期の十七世紀には、地力が衰えれば、余っている土地を使うか、土地を休ませて地力の回復を待つかすればよかった。しかし、又三郎は、農業経営の現状を次のように危惧していた。

今ハ後の損を不考、唯当分多く取を諸国の農人常に思ふ(う)と見へ(え)たり、当世国々所々古へ(え)より人多く養也、是に依て無理に多く田畠より五穀を取上る事是末世、自然の定法なりと見へ(え)たり*31

現在はのちの損を考えず、ただ差しあたって多く収穫することを、諸国の百姓は常に考えているように見える。近頃は、全国各地で昔より多くの人口を養うようになった。これによって無理に田畠から多くの五穀を収穫すれば、のちに勢いが衰えていくのは自然のなりゆきに見える、と。

今の世では、人口が増えて、食料の消費も際限がない。新たに開墾できる土地も少ないので、同じ耕地を使い続け、食料を供給していかなければならない。それにもかかわらず、百姓は後々のことを考えず、目先の利益をなるべく多く得ようとする。このまま無理に耕作を進めれば地力が衰えてしまい、いずれは農業も必ず廃《すた》れていくというのだ。

つまり、新田開発は、土地が余り人口も少ない段階では、なんとか持続可能性を保っていた。それは右肩上がりの開発を続けた十七世紀のことなので、一時的なものといってよい。ところが、開発がピークに達した十八世紀前半には、人口は増えているのに、耕地の方は広がるどころか、既存の耕地を保つことすら危ぶまれるようになっていた。すなわち、誤解を恐れずにいえば、水田にささえられた江戸時代の社会は、その根底において持続可能ではなかったのである。

それなら、せめて既存の耕地を守るにはどうすればいいのか。第三・四章で述べたように、水田に肥料を加えれば、なんとか地力を回復させ、既存の耕地を使い続けることができた。そのために百姓はたとえば草肥を得ていたが、田中丘隅は草山の現状にも危機感を募らせていた。

草一本をハ《(ば)》毛を抜こ《(ご)》とく大切ニしても、年中田地へ入る、程の秣《マクサ》のたくはへ《(貯え)》成兼ル村々有之*32

草一本を、毛を抜くように大切にしても、年中田地へ入れるほどの秣を、貯《たくわ》えようとしてもできない村々がある、と。

停滞期になると、草を入手すること自体が難しくなっていたのだ。なぜなら、蜷子野新田の例をみればわかるように、開発できる土地が減り、草山までもが水田にされていたからである。草がなくなるのは当然であり、わずかな草をめぐる村同士の争奪戦も起こっていた。*33

ウマの高騰とウシの需要

草山が激減したことは、江戸時代の自然や社会にどのような影響を与えたのか。大きく三点をあげることができよう。

① シカの食害拡大
② 家畜の餌不足
③ 新たな肥料の確保

まず①について、シカは草を食《は》む。草山が減ったということは、シカの餌も不足した。シカはますます人里へ降りてくるようになり、農作物に与えるダメージも大きくなったと考えられる。もう一つ、新たに山での問題も発生した。シカは木の芽や樹皮も好む。とすれば、林業もシカの食害に悩まされたことだろう。

次に②について、家畜のなかでもウマに注目したい。草山が減れば飼料が手に入りにくくなるから、ウマを飼うこと自体が難しくなってくる。これに追い打ちをかけたのがウマの値段の高騰《こうとう》である。丘隅は近況をこう語る。

百姓、馬といふ(う)物なくてハならず、是又近年段々馬の直(値)段高直ニ成*34

百姓は、ウマというものがなくてはならない。近年、だんだんウマの値段が高くなっている、と。

土屋又三郎だけではなく丘隅も、家畜としてのウマの重要性を指摘するが、近年はウマが値上がりしていた。かつてならば、ウマ一頭が一、二両で買えたが、今は十両以上もする。これに便乗して鞍《くら》などの馬具も値上がりしているという。ウマが重宝されるがゆえに、高値で取り引きされるようになった。しかも、餌である草も入手できないとなれば、ウマ自体が庶民にとっては高《たか》嶺《ね》の花となった。ということは、ウマを飼う百姓と鍬しか持っていない百姓との間には、すでに経済格差が広がっていたのかもしれない（図4－3参照）。

そのウマは、おおまかにみると、西日本より東日本で多く飼われていた。中世武士団が騎馬を重視したことにも一因があるが、農作業の面でみれば、もっと別の理由があった。ウマの厩肥は発酵温度がウシより六度も高いので、肥料としては寒冷地の低温の土壌への効果が高かったとみられている。東日本では稲作の期間も短いので、運輸手段としても利用されていた[*35]。

> 余国ハ何も耕作ハ牛にて勤る、其勤馬より劣る、牛ハ飼事心安し、大豆もいらす（ず）、手入湯洗猶以安し[*36]

他国では、いずれもウシで耕作する。その勤めはウマより劣る。ウシを飼うのは気づかいがいらない。大豆もいらず、手入れや湯洗いも猶更《なおさら》たやすいと、又三郎はウマとウシとの差を分析する。

ウシはウマより働きの点で劣る。それにもかかわらず、なぜ他国では飼われているのだろう。

ウシの分布に注目してみると、全国的にみれば西日本で多く飼われていた。これに関連するのが乾田である。湿田を乾田にすると、稲に土壌からの養分がよく供給されるようになるので、急速に米の収量が増える。その半面、乾田にすると土が堅くなるので、家畜の力を用いなければ深く耕せない。*37

だから、乾田化しやすい、暖かい西日本ではウシが飼われていたのだが、これには農村と都市との結びつきの問題も絡んでいた。明治三年（一八七〇）、新政府の職業人口調査によれば、人口一千人における被差別民の比率は、東日本は八・四なのに対して西日本は二十四・六なので、被差別民は西日本に多く、その数は東日本と比べて約三倍にもおよんだ。そのうち大きな割合を占めたのが、斃牛馬《へいぎゅうば》の処理にあたるえたであった。

牛皮は良質で加工しやすいのに対して、馬皮は強靭さや防水力などの点で劣る。ウマよりウシの方が皮革の商品価値は高い。結果として、乾田化で多くのウシが飼育されるようになった西日本では、えたが増えていった。とくに元禄期以降には皮革技術が発展し、庶民のあいだで履物の雪駄《せった》が広まると、その材料となる皮の需要が高まった。皮相場の高騰は、それまで安価だった馬皮の値上げにもつながっていったという。*38

異国人が目撃した農村風景

日本を訪れた外国人は、江戸の農村をどのように見ていたのか。それを記録しているドイツ人がいる。エンゲルベルト・ケンペル（一六五一－一七一六）である。彼は、又三郎や丘隅とほぼ同世代であり、オランダ東インド会社の医者として、元禄三年（一六九〇）に来日した。

滞在したのは長崎のオランダ商館である。ここの最高責任者であるオランダ商館長は、将軍に拝謁するため江戸参府《さんぷ》をおこなっていた。翌四年、ケンペルもそれに同行した。通常であれば、商館長が将軍の前に少し姿を見せるだけの簡単な儀式にすぎない。しかし、五代将軍・綱吉はその旺盛《おうせい》な好奇心のため、異国人たちにコートを脱がせ、歩かせて、さらには踊るよう求めた。この時に、ケンペルは恋歌をひとりで歌ったのだ。

彼はその翌年にも江戸参府をおこなった。帰国してからは日本研究に励み、『廻国奇観《かいこくきかん》』や『日本誌《にほんし》』を著し、ヨーロッパに日本の知識を広めるのに大きく貢献した。その『日本誌』によれば、江戸参府の途中には、こんな農村の風景を目撃している。

百姓の子供たちは馬のすぐ後から付いてゆき、まだぬくもりのあるうちに馬糞《ばふん》をかき集め、自分たちの畑に運んでゆく、それればかりでなく旅行者の糞尿さえ同じ目的で拾いあげ、またそのために百姓家近くの街道脇には、便所として作った小さな粗末な小屋があり、その中にも糞尿が溜《た》めてある*39

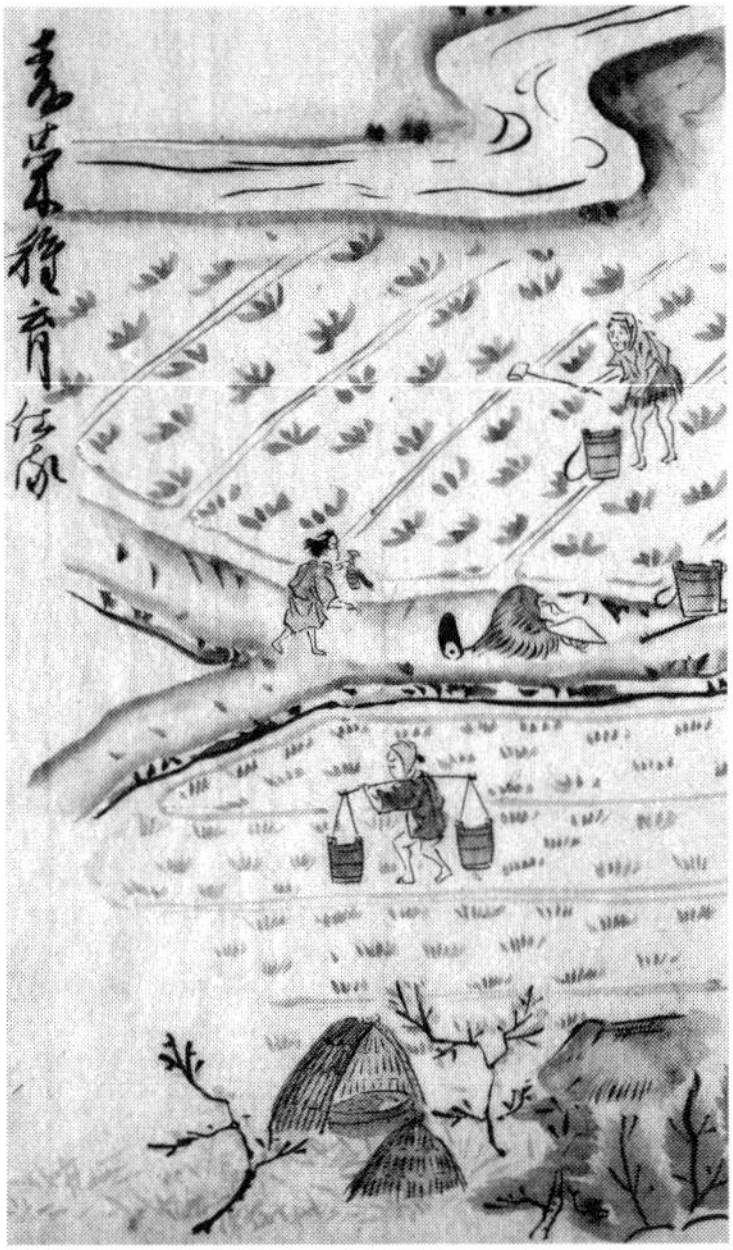

図5-4　麦・菜種の栽培
西尾市岩瀬文庫所蔵『耕稼春秋』より

ヒトやウマの糞尿が肥やしとして重宝され、少しでも多く溜められていたことがわかる。十七世紀末に下肥の需要が多くなっていたことを象徴するエピソードといえよう。

二月の加賀平野が描かれた図5－4を見ると、左上には「麦・菜種育仕る」と記されている。百姓たちは、彼らの食べ物となる麦や商品作物にもなる菜種を栽培していた。下方で藁の囲いに隠れているのは肥溜《こえだ》めである。ケンペルが、農村を通過していた時のこと。思わず、次のような感情を表明せずにはいられなかった。

田畑や村の便所のそばの、地面と同じ高さに埋め込んだ、蓋もなく開け放しの桶の中に、この悪臭を発するものが貯蔵されている、……新しい道がわれわれの眼を楽しませるのに、これとは反対に鼻の方は、不快を感ぜずにはいられないことを、ご想像いただきたい[*40]

図5－4を見ると、肥溜めがあるだけではなく、百姓も桶から下肥を一面に撒き散らしている。臭気に辟易《へきえき》させられたケンペルの嘆きも、わかる気がする。

肥料格差

百姓は、どれくらいの量の下肥を撒いたのだろう。土屋又三郎は、中稲ならば一反あたりで、田植え前に施しておく元肥《もとごえ》として人糞十二、三荷から十六、七荷、生育している途中の夏に施す追《おい》肥《ごえ》として十五、六荷から二十荷が必要であると見積もっている。[41] 図5－4で、天秤棒でかつがれている桶が一荷となる。わずか水田一反でも、百姓は年間あたり下肥を三十荷ほども用意しなければならなかった。

中規模クラスの百姓であれば、人糞は三百駄《だ》ほども必要だった（表4－1参照）。一駄とはウマ一頭に負わせる量のことをさす。仮に一駄を約百五十キログラムに相当する量とみなせば、三百駄は約四十五トンにも及ぶ。当然ながら、下肥だけでは足りないので草肥が投じられていたが、草山は減少していた。その影響について、丘隅はあきらめの口調でこう語る。

人ふへ《（増え）》田地多成に随ひ《（い）》、糞《コヤシ》の力、国土の田地に不及、古しへ《（え）》のこと《（ご）》く耕作の能実るへ《（べ）》き謂《イハレ》なし[42]

人口が増え、田地が多くなるにしたがい、肥やしの力は国土の田地に及ばない。昔のように、耕作によって実りがよくなる理由もない、と。

肥料になるのは、何も草肥だけではない。干鰯・油粕・糠・醤油粕などの金肥もあったからだ。実際、人口・水田が増加するにともない、草山も減少していたことから、百姓は金肥を買うようになった。その結果、肥やしの値段が高騰していたのだ。かつてなら干鰯は金一両で五十俵から六十俵も買えたのに、今はわずか七、八俵も買えないと丘隅は嘆く。*43 干鰯は七倍以上も値上がりしていたのである。

肥料がなければ地力を維持できないにもかかわらず、高いので百姓はなかなか買えない。もし買えばその分だけ貯えも細る。これもまたジレンマである。こうして国土に「糞の力」が行き届かなくなり、昔のような作物の実りは期待できなくなった。

いみじくも又三郎は、肥料についてこう示唆していた。

惣し《(じ)》て田植付幷引こゑ《(肥)》ハ、百姓上・中・下の分限に随ひ《(い)》段々有、其上所により違有*44

一般的に田植えとそのあとに加える肥料は、百姓の上・中・下という経済力によって差がある。そのうえ、場所による違いもある、と。

田植えとそのあとに加える肥料というのは、元肥と追肥のことをさす。場所による違いというのは、都市との遠近の差をさす。たとえば、金沢近郊であれば小便・馬糞、遠方であれば人糞・油粕・干鰯など、さらに山村や山ぎわであればこれらのほかに草肥も使われるというように、施す肥料が違ってくる。しかし、ポイントはなんといっても経済力の差が肥料にも影響を及ぼすという点だ。

肥料をふんだんに揃えられる百姓と、それができない百姓とのあいだでは、もともと作物の収穫量に差があった。ところが、下肥や草肥のような自給肥料が入手しづらくなると、金肥を購入できるかどうか、つまり資産の多寡《たか》が、水田稲作を経営できるかどうかの条件へと転化していったのである。

これまでは、貨幣経済が農村へ浸透することによって百姓のあいだに貧富の差が生み出されていったと考えられてきた。[*45] 実のところは、肥料は農業生産力を向上させるだけではなく、[*46] それを入手できるのかどうかが百姓に経済的な格差をもたらしていたのかもしれない。この考えが正しければ、そのような格差は開発期から生じていた可能性があり、やがて金肥を購入できる資産の多寡が、その格差をますます広げていったという見方もできようか。

イワシの需要

金肥の高騰は、それがもたらす利益をねらうヒトも出現させた。干鰯の例をあげてみよう。

干鰯の産地として有名なのは房総半島の九十九里浜《くじゅうくり》（千葉県）で、ここでは地曳網《じびきあみ》で大量のイワシが浜に引きあげられ、干されて肥料に加工された。港町の一つ銚子《ちょうし》（現千葉県銚子市）の漁民に注目してみると、紀伊国（現和歌山県・三重県）から移住してきたという言い伝えの家が多い。十七世紀後半から十八世紀前半にかけての数十年間に移ってきたという。ちょうど新田開発がピークに達しようとしていたときに、畿内とその近国での肥料不足は〝干鰯ラッシュ〟を巻き起こしていたのだ。[*47]

こうして漁民はイワシとともに黒潮に乗って東へ移動し、九十九里浜は干鰯生産の一大拠点となった。慢性的な肥やし不足は、大海原へヒトを乗り出させた。このイワシを肥料にしたということは、水田を維持するために、クジラに続いて、またしても海の資源まで投入せざるをえなくなったことを意味する。しかも、現在のように食べるためではなく、肥料にするために、大量のイワシを獲っていたのだ。

今度は、大量のイワシを獲るために大きな地曳網が必要となる。その原料となったのは麻だった。このため、十八世紀後半からは下野国（現栃木県）西部の野州麻《やしゅうあさ》とよばれる特産品が九十九里浜に供給された。しかもその麻の肥料として、九十九里浜の干鰯が下野国に運ばれたのである。[*48] 稲だけではなく、こうした商品作物の栽培の広がりが干鰯の需要を高め、やがてその争奪戦が始まっていく。

百姓が生活圏だけの資源に頼って水田稲作を営むことができたのは、開発期の十七世紀までだったといえる。開発がピークに達した停滞期の十八世紀前半以降は、村社会のレベルを超え、遠隔の地から資源を調達しなければ肥沃《ひよく》な稲田を保てなくなってしまった。その様子は、まるで水田を中心とした渦が、村社会から国全体を巻き込もうとして広がっていくかのようであった。

畠への肥料も増加

これまで肥料についてはおもに水田をみてきたが、ここで畠の持続可能性も問うておきたい。正徳三年（一七一三）、加賀国で十村を務める石川郡田井《たい》村（現金沢市）の次郎吉らは、改作奉行に対して、百姓たちがはなはだ迷惑している問題の改善を願い出た。

油粕、近年高直に罷成申に付、惣而干鰯等に至迄、直（値）段高直に而、百姓共ひしと迷惑仕候間、下直に罷成候様、被㆓仰付㆒可㆑被㆑下候[*49]
（油粕、近年高直《こうじき》に罷《まか》り成り申すに付、惣じて干鰯などに至る迄、値段高直にて、百姓どもひしと迷惑仕《つかまつ》り候《そうろう》間、下直《げじき》に罷り成り候様、仰せ付けられ下さるべく候）

近年、油粕が高価になっており、総じて干鰯などにいたるまで値上がりしている。百姓たちがまさに迷惑しているので、値下がりするように命じてほしい、と。

油粕とは、大豆などの植物の種から油を抜きとった残りかすのことをさし、これを肥料としていた。この油粕が高騰し、便乗して干鰯まで値上がりしていた。油粕が高価になった理由のひとつが、煙草の栽培である。

百姓は煙草を吸っていた（図3－12参照）。農村での喫煙は基本的に成人男性のみに許された特権で、煙草は嗜好品《しこうひん》として消費され、農作業のあいまや仕事休みに心身のリラックスを求めて飲用されていた。百姓は生産者としても、消費者としても栽培していたのだ。

元禄十五年（一七〇二）十二月、算用場奉行は、十村に翌年正月十五日までに煙草畠の総面積・村数を調査するよう命じた。こうして集計された結果、石川・河北両郡では三十四万二千四百五十歩（百十四町一反五畝＝約百十四ヘクタール）の面積で、煙草葉五十一万三千六百七十五斤《きん》（一斤を約六百グラムで計算すると約三百八トン）の作付けが報告された。[*50] はたして、これで何人分を生産することになるのか。試算してみよう。

狂歌《きょうか》好きの江戸の煙草商・三河屋弥平次が著した『煙草諸国名産《たばこしょこくめいさん》』によれば、文政（一八一八―一八三〇）頃で都市江戸に入荷される煙草量は七百三十五万八千斤余り。江戸の人口を百十万余りとすれば、一人につき一年間で約六斤六分八厘九毛の消費量になるという。[*51] もちろん、この計算方法は江戸の住民すべてを喫煙者としているので正確な数値とはいえないが、あくまでひとつの目安としてみると、加賀平野の石川・河北両郡では七万六千七百九十四人分の生産量となる。宝永七年（一七一〇）の城下町金沢の人口は六万四千九百八十七人（一万二千五百五十八軒）なので、[52] 金沢の全人口をはるかに上回る生産量があったことになる。

そのためには、どれほどの肥料が必要なのか。加賀平野での煙草栽培は、まず五月に苗床から畠に苗を移す時に、一本ずつ下肥を入れていく。次に六、七月にかけて草取りや虫の駆除をおこなうが、この時に油粕が入れられていたのである。その割合は、百歩あたり四斗（約七十二リットル）であった。[53] 上述したように元禄期（一六八八―一七〇四）の石川・河北郡の煙草作付面積が三十四万二千四百五十歩なので、単純に計算すれば、油粕は約千三百七十石（約二十四万七千リットル）も必要になる。途方もない量である。

百姓は畠で商品作物も栽培していたが、これもまた深刻な肥料不足を引き起こす原因となった。畠での生産を持続していくのも、危うい状況だったといえよう。

※　本章では、被差別民のことをとりあげているが、これは史実を正確に認識することに目的があり、差別を容認するものではない。

註

＊1　荻生徂来『政談』（岩波文庫、一九八七年）二二三頁。
＊2　大石学『大岡忠相』（吉川弘文館、二〇〇六年）。
＊3　斉藤司「近世前期、関東における鷹場編成」（『関東近世史研究』第三十二号、一九九二年）。
＊4　田中休愚『新訂　民間省要』（有隣堂、一九九六年）二二一頁。
＊5　「摂州加東郡になこ野郷拾弐ヶ村百姓共二而御座候」（穂積区有文書No.5）。
＊6　滝野町史編纂委員会編『滝野町史　史料編』（加古川流域滝野歴史民俗資料館、一九八九年）五八―六三頁。
＊7　蛯子野新田の開発の経緯については、社町史編纂室編『社町史　第2巻　本編2』（社町、二〇〇五年）を参照されたい。
＊8　『日本農書全集　第28巻』（農山漁村文化協会、一九八二年）六六頁。
＊9　水本邦彦『草山の語る近世』（山川出版社、二〇〇三年）・同著『全集日本の歴史　第10巻　徳川の国家デザイン』（小学館、二〇〇八年）・同著『徳川社会論の視座』（敬文舎、二〇一三年）など。
＊10　太田猛彦『森林飽和』（ＮＨＫブックス、二〇一二年）。
＊11　『日本農書全集　第4巻』（農山漁村文化協会、一九八〇年）一九五頁。
＊12　前掲『新訂　民間省要』五五頁。
＊13　深谷克己「赤米排除」（『史観』第百九冊、一九八三年）。
＊14　菊池勇夫『近世の飢饉』（吉川弘文館、一九九七年）。
＊15　スーザン・ジョージ『なぜ世界の半分が飢えるのか』（朝日選書、一九八四年）。
＊16　〈緑の革命〉のもたらした問題点については、ヴァンダナ・シヴァ『緑の革命とその暴力』（日本経済評論社、一九九七年）を参照されたい。

＊17　『日本農書全集　第6巻』（農山漁村文化協会、一九七九年）三二三頁。

＊18　前掲『日本農書全集　第4巻』二一二頁。

＊19　小山重郎『害虫はなぜ生まれたのか』（東海大学出版会、二〇〇〇年）。

＊20　前掲『新訂　民間省要』六三頁。

＊21　前掲『害虫はなぜ生まれたのか』。

＊22　宮崎克則「豪商石本家と人吉藩の取引関係」（『九州文化史研究所紀要』第四十五号、二〇〇一年）。

＊23　新修小松市史編集委員会編『新修小松市史10　図説こまつの歴史』（石川県小松市、二〇一〇年）。

＊24　『日本農書全集　第11巻』（農山漁村文化協会、一九七九年）一七八頁。

＊25　前掲『新訂　民間省要』四二七頁。

＊26　綱吉政権から享保の改革にいたるまでの鉄砲規制については、拙著『鉄砲を手放さなかった百姓たち』（朝日選書、二〇一〇年）を参照されたい。

＊27　前掲『新訂　民間省要』四二七頁。

＊28　前掲『新訂　民間省要』四三一頁。

＊29　根崎光男『将軍の鷹狩り』（同成社、一九九九年）。

＊30　前掲『日本農書全集　第4巻』一九八頁。

＊31　前掲『日本農書全集　第4巻』一七三頁。

＊32　前掲『新訂　民間省要』三四頁。

＊33　享保の改革の直前の正徳五年（一七一五）、江戸周辺の武蔵野で新田開発が進んだ結果、限られた秣場（採草地）をめぐって「府中領秣場騒動」が発生し、幕政にもインパクトを与えた。詳しくは大石学『享保改革の地域政策』（吉川弘文館、一九九六年）を参照されたい。

＊34　前掲『新訂　民間省要』三六頁。

＊35 市川健夫『日本の馬と牛』(東京書籍、一九八一年)。
＊36 前掲『日本農書全集　第4巻』一八三頁。
＊37 岡光夫『日本農業技術史』(ミネルヴァ書房、一九八八年)。
＊38 有元正雄『近世被差別民史の東と西』(清文堂出版、二〇〇九年)。
＊39 ケンペル『江戸参府旅行日記』(平凡社、一九七七年)一八一一九頁。
＊40 前掲『江戸参府旅行日記』一九頁。
＊41 前掲『日本農書全集　第4巻』二〇四頁。
＊42 前掲『新訂　民間省要』一五一頁。
＊43 前掲『新訂　民間省要』三四頁。
＊44 前掲『日本農書全集　第4巻』二〇四頁。
＊45 商品経済の進展にともなう農村の変容については、大口勇次郎「農村の変貌」(井上光貞ほか三名編『日本歴史大系3　近世』、山川出版社、一九八八年)に詳しい。
＊46 江戸後期に商品生産が発展する前段階として、百姓は農業生産力を向上させて、手元に利潤を得ておかなければならない。そのためには下肥・草肥といった自給肥料だけではなく、金肥が大きく貢献していたことは、山崎隆三「江戸後期における農村経済の発展と農民層分解」(『岩波講座日本歴史12　近世4』、岩波書店、一九六三年)で指摘されている。
＊47 井奥成彦「出稼ぎ漁と干鰯」(『〈新訂増補〉週刊朝日百科　日本の歴史　近世Ⅰ－7』、朝日新聞社、二〇〇三年)。
＊48 平野哲也「江戸時代後期における鹿沼麻の流通」(『かぬま　歴史と文化』第六号、二〇〇一年)
＊49 『改作所旧記　下編』(石川県図書館協会、一九三九年)一一七頁。
＊50 『改作所旧記　中編』(石川県図書館協会、一九三九年)三〇六・三一三—三一四頁。

＊51　『日本農書全集　第45巻』（農山漁村文化協会、一九九三年）三一九頁。
＊52　金沢市立玉川図書館近世史料館編『温故集録2』（金沢市立玉川図書館近世史料館、二〇〇五年）二三〇―二三二頁。
＊53　前掲『日本農書全集　第4巻』一一七頁。

第六章 水田リスク社会の幕開け

一　老農たちの治水論

水を絶やさないこと

前章までで明らかになったように、江戸時代の農業生産には深層で歪みが生じていた。目を水田の外に転じてみると、もっと大規模で明らかな弊害も生じていた。

百姓は、作物が順調に育ち、豊作になることを願う。そのために何よりもまず水を手に入れなければ、稲作を安定させることはできない。とくに下流域の平野部にまで水田の広がった十七世紀には、水を引いて田んぼの隅々にまで水を届ける必要があった。老農たちは、この利水をどのように考えていたのか。

まずは開発期の土屋又三郎に注目しよう。彼は『耕稼春秋』において「用水」を論じるなど、治水への関心が高い。加賀藩の領する加賀・越中・能登の三カ国にはどんな川が流れていたのか。正徳四年（一七一四）頃、又三郎は、見聞を広めた成果として『加越能山川記』も執筆した。[*1] 又三郎は、次のような用水が上策だと述べる。

田ハ第一用水を本とす、是に依て向倍(勾配)能き川より用水を建て、一、二里或ハ三里其水を通し、道々にて小用水を立、村々へ取て当る用水ハ上也[*2]

田は第一に用水を根本としている。こういう理由から、勾配《こうばい》のよい河川から用水路を造り、一、二里あるいは三里もその水を通す。道々に小さな水路を設け、村々に取り入れる用水は、より優れている、と。

現に加賀平野では、新田開発にともない、犀川・手取川流域には用水路が網の目のように広がっていった。用水路のないところでは、ため池が造られた。水門を開いている図2－4では、山から流れ落ちる水が、ため池に集められていた。どれくらい田に水を引き入れるのか、その分配をめぐって百姓同士の水の争奪戦が起こることもある。山からの水だけではなく、雨でため池の水が増えたのを見計らって、百姓はタイミングよく水門を開けて、田んぼに流れ込む水の量を調整していた。

もちろん、用水路やため池がないところでは、百姓は雨水を待つしかない。不意の干《かん》ばつにも備えておかなければならない。又三郎は、このように水の大切さを説く。


池塘の通ひ《(い)》塞し、しからミ《(柵)》堰の破損なと《(等)》あまねくに心を付用て、水を米穀の如く思ひ《(い)》、不意の旱にも水の絶さ《(ざ)》る事を守る*3

池塘《ちとう》（ため池）から流れてくる水がつまっていないか、柵《しがらみ》が破損していないかなど、すべてにわたって広く気をつけておく。水を米のように大切に思い、不意の日照りにも、水を絶やさないように守る、と。

柵とは、水流をせき止めるため、杭《くい》を打ち並べ、それに柴《しば》や竹などを絡みつけたものをさす。

「水を米のように大切に思う」、ここに又三郎の治水論が集約されている。水が絶えてしまえば稲は育たない。そのために、水を米のように大切に扱うことの重要性を説いているのだ。

河川の管理

水源として、河川が果たす役割は大きい。表6－1には、『加越能山川記』に記されている河

表6-1　加越能の河川

河川名	国　名	郡　名	水　源	河口・合流先	延　長
敷地川	加　賀	江沼	大日山	西海	13里余
動橋川		江沼	大日山	潮津潟	8里
梯　川		能美	大杉村など	安宅湊	－
手取川		能美・石川	白山	西海	25里程
犀　川		石川・河北	倉谷村・二俣村	西海	16、17里
浅野川		石川・河北	横谷山など	西海	6、7里
森下川		河北	医王山	八田潟	5里余
津幡川		河北	松根谷など	八田潟	4里余
小矢部川	越　中	砺波	刀利村など	－	－
千保川		砺波	庄川	小矢部川	－
庄　川		砺波	飛驒国高山	北海	40里程
和田川		射水	山田村	庄川	－
神通川		新川・婦負	飛驒国高山	越中富山	32里2町
常願寺川		新川	立山	北海	18、19里
加茂宮川		新川	御内陣など	西海	7、8里
早月川		新川	古鹿熊村	西海	8里程
片貝川		新川	立山劔の山	西海	8里余
布施川		新川	笠破村	西海	7里
黒部川		新川	東信州など	西海	17、18里
小　川		新川	蛭屋村	春日村・赤川村	－
堺　川		新川	－	西海	4里程
近江川尻川	能　登	羽咋	牛首村など	－	－
子浦川		羽咋	原村など	千路潟	－
飯山川		羽咋	越中氷見	－	－
二宮川		鹿島	天平山・石動山	田鶴浜	－
羽咋川		羽咋	千路潟	西海	1里余
神代川尻川		羽咋	仏木村	西海	6里余
富木川		羽咋	河内村	西海	7里余
劔地川		鳳至	馬場村	西海	1里
阿岸川		鳳至	小池村	西海	2里
道下川		鳳至	荒屋村	－	－
長井川		鳳至	縄又村・丸山村	北海	－
輪島川		鳳至	熊野村	北海	4里半
大　川		珠洲・鳳至	当熊村・河内村	西海	7里
飯田川		珠洲	飯田村	東海	2里
鵜河川		鳳至	八田村	東海	3里余

土屋義休『加越能山川記』（国立国会図書館№139-220）により作成

川を一覧にして示した。又三郎は、同書において加賀・越中・能登の三カ国における三十六の河川について、水源や河口・合流先、さらには延長まで記している。その内訳をみると、水源は三十五件、河口・合流先は三十二件、延長は二十五件なので、何よりも水源について興味を持っているのがわかる。水門が開けられている図2－4で、淙々《そうそう》と流れ落ちる谷川が丁寧に描かれているのは、水源を知っておくべきだという、彼の心情の表れなのかもしれない。

水源から流れゆく、川の流れにも注意を払ってみよう。図6－1は、城下町金沢において、年頭の挨拶のため、上級武士が登城している場面である。武士団一行が渡っているのが犀川大橋、その下には犀川が滔々《とうとう》と流れている。表6－1によれば、犀川は石川郡倉谷《くらたに》村・二俣《ふたまた》村（現金沢市）を水源とし、西海（日本海）を河口とする、延長十六、七里の河川である。犀川大橋は、江戸時代から姿を変え、現在では鉄橋大橋として架けられている。図6－1では、この橋を渡った先にあるのが第一章

図6-1　犀川大橋
西尾市岩瀬文庫所蔵『耕稼春秋』より

で述べた香林坊で、橋の右側が寺町にあたる。
犀川は勾配がよいので、水流も速い。だから、用水路を引いても、田の隅々にまで水が届きやすい。ところが、流れが早いということは、水圧が強くなるということでもある。図6－1の橋脚あたりに、幾重にも波が立っていることが、そのことを裏づけていよう。そこで蛇籠を並べ、少しでも水圧を抑えることで川の氾濫《はんらん》を防ごうとした。しかし、又三郎は不安に思う。

此水難ハ御奉行・水下の村々少し破損の時、早く修理を加へ(え)、其上御上より御普請を入られけれハ(ば)、人力にてまぬかれる(免れる)物也、尤水戸より込水ハ、人力の及は(ば)ぬ所也*4

この水難というのは、奉行と下流域の村々が少し破損した時、すばやく修理をし、そのうえで領主が普請に着手すれば、人力で免れられるものである。もっとも、水門から水が入り込んでしまえば、人力では及ばない、と。

川の氾濫は、堤などが少し破損した段階で、領主と村とが一体となってすばやく対応すれば、人力でなんとか防げた。水門というのは、ここでは河川から村々に用水路を引くために、その河川に設けられた取水口のことをさす。川が増水して取水口に水圧がかかり壊れてしまえば、そこから村の方へ水が溢れ出してしまう。ヒトの力では、これを回避する術はない。この点を、又三郎は憂慮しているわけだ。

十村として、約三十年間も農政の第一線でキャリアを積んだ経験から、又三郎は、一見は水便の良さそうな川端の危険性についても警告する。村の立地には、里と川端がある。里は安心して暮らせるものの、川端はそうではない。川が増水した時、村人たちは総出で防水せざるをえず、目に見えて危険だからだ。水が溢れ出てしまえば、家屋や田地が流失するなど被害も大きい。さらに十村は次のことを心構えとして、知っておくべきだと続けた。

去ハ《ば》川端、里中より損多き事章《昭》明也、其外川除御普請等入、百姓難儀の事口伝有、川端宜敷事少あれ共、納所のたそく《多足》に成事ハ多なし*5

川端は、里より損害が多いのは明白なこと。そのほかに堤普請などが着手され、百姓が苦労しているとの口伝えもある。川端でも良いことは少しはあるが、年貢を納めるにあたり、それの補いや助けとなることは多くはない、と。

川端の村は、里の村と比べてメリットが特段に多いわけでもない。むしろ、昔から川端には川が増水するという危険性があるのを知っているにもかかわらず、百姓はあまり考えもせず川端で暮らしていた。そこで又三郎は、川端の百姓がつぶれないように、十村は常に配慮しておくように諭しているのだ。

『耕稼春秋』を完成させて十二年後の享保四年（一七一九）に、又三郎は死去する。その後、田を養うための用水はどうなったのか。加賀藩では新田開発が停滞期を迎えても、十八世紀中期までは、なんとか藩の主導によって用水が管理されていた。ところが、しだいに普請費用が増加して藩財政を圧迫したことから、それ以降の管理は地域に委《ゆだ》ねられた。こうして、十村を中心とした住民が、基本的に普請費用を自己負担することになる。*6

あらためて、百姓経営モデルが示された表4－1を見てみよう。支出のうち、諸入用には用水のメンテナンス費用も含まれている。その額が収入に占める割合は一割にも満たなかった。ところが、停滞期になって地域全体での普請費用が増えたということは、受益者負担が強化されたといってよい。用水は稲を育てることから、百姓にとっては利益をもたらす存在のはずである。しかし、その用水を維持すること自体が、かえって地域住民にとって重荷となった。

水を治めること

次に、停滞期の農政家である田中丘隅に注目したい。彼もまた治水への関心が高く、『治水要《ちすいよう》方《ほう》』『治民策《ちみんさく》』などの著作があるが、*7 ここではやはり『民間省要』から停滞期の治水論をみていきたい。

丘隅は次のように困惑している。近年、諸国の田地へ引き込む用水路やため池において、ところどころで異変が生じている。いつの間にか、田んぼに水が届かず、堤が築かれていても日照りや増水の被害を受けている場所が多い。もちろん、自然現象の影響が多少はあるかもしれない。しかし、丘隅は、その根本的な原因をこう話す。

近年官ハ、上の嗜好《スキコノム》事の当然《(前)》の急成御用をのミ先にして、外事ハ延し、下も又村々其数多中に、己レか《(が)》一分の事ならねは《(ば)》強く力を竭ス者なく、上下いつしか用水の事疎く成行事社《(こそ)》是非なけれ*8

近年、役人は領主がとりわけ好む、さしあたって急ぐべき用事のみを優先し、それ以外は先延ばしにしている。村々もまた、その数が多いにもかかわらず、みずからの面目にかかわることにしか強く身を尽くさない。領主と村々が、いつしか用水のことに疎くなっていることは言うまでもない、と。

用水に異変が生じているのは、自然現象の影響ではなかった。領主も村々も、目先のことにしか興味を示さない。そのため、用水への関心が薄れているというのだ。そうはいっても、用水そのものの重要度が低くなっていたわけではない。丘隅は、むしろ治水にこそ重点を置くべきだと意気込む。

夫レ諸の普請と言事ハ、国家安全の初ニして、軍戦要害の元トたり、且田地用水・井堰・

堤・川除・川浚等ハ国家安全の業、城筑（ママ）・門・塀・柵・石垣等ハ軍戦の事たり*9

いろいろな普請をするということは、国家安全の始まりであり、軍戦要害の基本でもある。そのうえ、田地の用水・井堰・堤・川除け・川浚《さら》いなどは国家安全の事業であり、城の門・塀・柵・石垣などは軍戦の事でもある、と。

丘隅は、次の二つの普請を重視していた。

① 国家安全＝治水（用水路・井堰・堤・川除け・川浚いなど）

② 軍戦要害＝築城（城・門・塀・石垣など）

治水は「国家安全の業」であり、軍事と並ぶくらい、国家レベルの最重要課題となっていた。ここに丘隅の治水論が集約されている。それにもかかわらず、領主が治水に力を入れないのはなぜなのだろう。丘隅が述べるには、平和な時代には訴訟が多く、しかも主君の遊戯・歓楽といったイベントの仕事で家臣たちは忙しく、普請にまで心を寄せる暇がないらしい。

役人はどうかといえば、かつては炎暑もおそれず、足しげく現場に通い、骨を砕いていた。ところが、近年は不正を働き、かえって処罰されている。新たに役人が派遣されても、普請には不鍛錬で役には立たず、目を覆いたいくらいだ――しかし、もっと腹立たしいことがあった。

工事に群がる衒商たち

土木工事は、規模が大きい場合は、幕府みずからだけではなく、諸藩も動員されるなどして実施された。後者を、手伝《てつだい》普請という。もちろん、資金は幕府や諸藩が出すとはいっても、それらは年貢の負担者として庶民の肩に重くのしかかる。その負担が「万民の涙」になっていることを尻目《しりめ》に、資金に群がる人たちがいたのだ。丘隅は歯がゆさを強く感じる。

> 近年、御普請皆入札と成て、彼衒商の手ニ落、千ニ越(超)、万を過るの金たりといへ(え)と(ど)も、或ハ賄賂と成、亦ハ北里の酔狂と消て、実に其用ニ立所は三ヶ一ニも不及、豈能其用を弁事有なんや、惜かな*10

近年の普請はすべて入札となり、それが衒商《げんしょう》（悪徳商人）の手に落ちている。千を超え、万を過ぎる金といえども、あるいは賄賂《わいろ》となり、あるいは北里《ほくり》（遊里）の酔狂のために消えて、実にその用に立っているのは三分の一にも及ばない。どうして、その用途をよくわきまえないのか、惜しいかな、と。

「千を超え、万を過ぎる」というのは、普請の落札額が一千両、あるいは一万両を超えているという意味である。それだけ多額の費用が、悪徳商人が目先の欲望を満たすための賄賂や遊里での遊興費として消え、実際に土木工事に用いられていた額は少なかったというのだ。

このような商人として、紀伊国屋文左衛門《きのくにやぶんざえもん》（?—一七三四）や奈良屋茂左衛門《ならやもざえもん》（?—一七一四）の名が思い浮かべられよう。彼らの事績については不明な点が多いが、土木事業の材木調達を請け負い、一代で巨富を築いたことは判明している。[*11] 丘隅が嫌う「衒商」が実在していたことは疑いない。カネの亡者の出現に嫌気がさした丘隅は、入札の中止を訴えた。

夫レ千丈の堤も、螻蟻の穴より崩る、といへ《(え)》り、誠にさ《(左)》のこ《(ご)》とし、何そ《(ぞ)》其所の者、常ニ心ニかけ、又洪水の来ル節も付居て、小穴をふさく《(塞ぐ)》ニ易かりなん[*12]

「長大な堤も、小さなケラやアリの穴から崩れる」という。誠に、次のとおりである。堤近くの者に常に心がけさせ、また洪水が近づく時にも付き添わせておいた方が、小穴を塞《ふさ》ぐのはなんとたやすいことか、と。

「長大な堤も、小さなケラやアリの穴から崩れる」。これは中国の思想書『韓非子《かんぴし》』の一文で、油断大敵の意味に近い。丘隅は、これをそのまま普請に援用する。洪水の時、堤はすぐに大破するのではない。少しずつ疵《きず》が広がり、やがて一挙に決壊するもの。溢れ出た濁流は人家や田畠を呑み込み、河川流域の村々は、それこそ修羅場と化す。堤から遠く離れた、その地域に縁のない商人に土木工事をさせるより、堤のすぐ近くの村々に請け負わせた方が、小さな穴もすぐに防げるし、資金も少なくて済むというわけだ。

地域の智慮を用いる

入札を中止すればコストを削減できず、領主は経営的にも苦しい。丘隅は、その点を承知したうえで、それでも地域の自発的な動きに委ねるべきだとの意見をもつ。具体案は、こうだ。

> とかく其所の村長等の内ニ人をえらミ《（選）》、年々の事を計らせ聞、其地の事は其地の者の智慮を専ら執用、其上地方巧者の官人を出シ、幾度も考へ《（え）》させ、吟味熟しての上ニ、其仕様を相極メ、其所へ定請負ニ言付て、大成得益有事多し*13

ともかく、その所の村長などから人物を選び、年々の普請計画を立てさせ、それを聞く。その地のことは、その地の者の智慮を、ただひたすら採用する。地方巧者の役人を派遣し、幾度も考えさせる。熟考のうえで、普請の方法を決め、その所に請け負わせれば、大なる利益《りやく》を得ることが多い、と。

普請をするにあたっては、その地域の智慮を用いて、その地域に請け負わせよというのだ。はたして、この具体案は幻想に終わってしまったのか。享保六年（一七二一）に『民間省要』が将軍に献上され、それから二年後に丘隅は幕臣に大抜擢された。こうして彼は開発の舵取《かじと》りを担い、みずから地方巧者として治水のミッションにあたる。

とりわけ力を注いだのは、富士山東麓から足柄《あしがら》平野を流れ、相模湾に注ぐ酒匂《さかわ》川の難工事であった。宝永四年（一七〇七）に富士山が噴火すると、その降砂で田畠は埋まり、川底も高くなった。その影響もあって、翌年には酒匂川で洪水が起き、岩流瀬《がらせ》・大口《おおくち》（現神奈川県山北町・南足柄市）の堤が壊れた。ここは酒匂川が山間部から足柄平野へ入るにあたり、その流れをコントロールする地点で、水圧が強かったのである。いったんは修復されたものの、正徳元年（一七一一）の氾濫で堤が決壊し、修復されずに放置されていた。

それから十五年後の享保十一年（一七二六）、丘隅は堤の再築造を開始する。その時、上述した具体案のように、商人ではなく地域住民に工事を請け負わせたという[*14]。さらに三年後には、町奉行・大岡忠相のもとで、農政担当の役人として働くことが決まった。即戦力としての活躍ぶりに、期待が寄せられていたに違いない。ところが、就任の五カ月後、丘隅は、その本領を発揮することなく他界した。まわりの期待に応えられなかったことに対して、最期はどんな思いを嚙《か》みしめたのか。

二　人力と技術の限界

「人の和」の重視

土屋又三郎と田中丘隅を比較しながら、開発期と停滞期の治水論の違いをまとめていこう。まずは共通点からみてみたい。又三郎も丘隅も、土木工事は、堤が決壊してからでは遅く、少し破損した時に対処すべきだと口をそろえる。いいかえれば、これは両者ともに、江戸時代の土木技術では、堤が決壊したら打つ手がないと理解していたことを表している。

こんな逸話が残されている。前述した享保十一年の酒匂川普請でのこと。丘隅は、堤を再築造するにあたって蛇籠を並べさせた。その時、僧侶に読経《どきょう》させ、蛇籠一本ごとに陀羅尼《だらに》経一巻を入れ、その数は一千巻にも及んだという。[*15]

これ以降は史実にもとづく話だが、丘隅は堤の傍に文命社《ぶんめいしゃ》を祀《まつ》った。「文命」とは治水の神のことをさし、治水に功を立てた中国古代の伝説上の聖王として著名な、禹《う》王の別名でもある。その文命社では、堤防の安全を祈願するために、丘隅によって祭礼も始まった。毎年四月一日に堤防に集まり、集まった村民によって堤に石が積まれていく。このような儀礼は、地域住民みずからが治水をおこなうことを意識づける、重要な役割を果たした。[*16]

ヒトの力だけでは川の流れを制することができないからこそ、丘隅は神仏に祈願するしかなかったのだ。現に、それから八年後の享保十九年（一七三四）、酒匂川の水が溢れて岩流瀬・大口堤は決壊することになる。丘隅によって築かれた堤が堅固だと信じられていたので、かえって住民の避難が遅れ、多数の流死者を出す前代未聞の大水害となった。[*17]

治水については、次の又三郎の思想も参考になる。

天の時も地の利にしかず《ず》、地の利も人の和にしかず《ず》といふ《う》事、最なる事也[*18]

天の時は地の利にかなわず、地の利は人の和に及ばない。これは当然のことである、と。天・地・人、これら三要素は、宮崎安貞『農業全書』の冒頭にも出てくるくらい、江戸時代の農業の根本的な思想といわれている。[*19]開発期の又三郎は、治水でもこの考えを援用しており、「天の時」よりも「地の利」、「地の利」よりも「人の和」を重視する。はたして「人の和」さえあれば、思いのまま水をコントロールできるというのか。まずは「天の時」が何をさすのかを確認したい。

又三郎は「天」を用いた言葉として、「雨天」「天気」「晴天」をよく使う。しかし、治水に関していえば「天水」の例があるので、「天」とは空から降ってくる雨水の意味に近い。湿田ならば水の心配はないが、水はけのよい乾田ならば雨水に頼らざるをえない。田んぼに水を張れるかどうかは、まさに「天の時」しだいというわけである。

その「天の時」を克服するためには、水源を確保して田に水を引き入れればよい。ただし、大河に堤を築いてまでして用水を引くことには、それほどまで賛成してはいない。なぜなら、川が氾濫して堤が壊れた時、復旧するのに多くの労力を要するからである。では、どんな河川から水を引けばよいのかといえば、そのポイントが「地の利」なのである。

「地の利」というのは、具体的には河川の勾配のことをさす。犀川のように山から海へ向かって平均的に勾配がついていれば、川の流れも安定している。こういう河川は利水の便がよい。一方、越前国《えちぜん》（現福井県）を流れる九頭竜《くずりゅう》川のように、平野部で勾配がなく、ゆったりとした流れの川があったとしよう。そのような河川の流域では、上流から大量の水が押し寄せてきた時、水をはかしきれず、堤防は壊れてしまう。非常事態で必要となってくるもの、それが「人の和」である。前述したように、川が氾濫しそうな時、役人や村人たちが急いで協力して土木工事を進めていけば、なんとかヒトの力で洪水を防ぎきれることもあるからだ。

よって、又三郎は「人の和」は大切であるが、それさえあれば洪水を防げると言っているのではない。むしろ前述したように、取水口から水が溢れれば、もう人力がおよばないとあきらめている。

老翁が授けた秘術

下流域の平野部にまで水田が広がった停滞期には、当然ながら河川の水害をいかに抑えるのかが深刻な課題となっていた。田中丘隅も、「天の時」「地の利」「人の和」をこのように重視する。

全く天の時・地の利・人の和、一ツも欠ヶて大儀成就する事なし[20]

天の時・地の利・人の和のうち、どれか一つでも欠けてしまえば、大儀が成就することはない、と。

大儀というのは、ここでは治水のことをさす。田中丘隅も「天の時」「地の利」「人の和」を重視するものの、又三郎との見解の違いは、三つのうちどれか一つが欠けてしまえば治水を成功させることはできないという点だ。丘隅は、『民間省要』で、こんなエピソードを語っている。[21]

七千両かけて治水工事をしても原状に復すような、川底に砂の多い、荒れた川があった。この川を熟知した老翁《ろうおう》の勧めで、村長は七百両で工事を引き受けたいと領主に申請した。審議のうえで認められたものの、領主に異変があったので先送りにされてしまったが、偶然にも再び領主の耳に入ることになり、七十両で大木の杭を打つように命じられた。

当初の百分の一の費用で、この難工事ができるわけがない。悩む村長に老翁は秘術を授《さず》けた。

村が引き受けなければ、後先を考えない衒商が落札してやってくる。それでは元も子もないので、村長が邪心を捨てれば、少ない資金でも村人は協力してくれる。工事では、水勢の強いところに杭を打っても、川底が砂なので流されてしまう。そこで遠浅《とおあさ》の地に杭を打ち、そこに葭《あし》と柳を植えなさい。そうすればしだいに育ち、そこが洲《す》となり堤の決壊もやむであろう、と。結果はまさに翁のいうとおりで、一年目に葭・柳の根が広がり、二年目に杭は埋まって洲となり、しだいに洪水に悩まされなくなったという。

荒唐無稽《こうとうむけい》な話と思われるかもしれない。それでも、このエピソードから、丘隅の考える「天の時」「地の利」「人の和」が何をさすのかを抽出してみよう。先述したように、丘隅にとって治水は国家安全の課題である。だから、領主は普請を命じる場合、急ぐことなく慎重にタイミングを見計らうべきだ、これが「天の時」である。近年は入札によって、すぐに工事が進められている。その半面、悪徳商人が落札する場合があり、大問題となっている。よって、入札によって工事を性急に進めるのではなく、この老翁のような、その土地に詳しい者の参加を待つべきだ——丘隅がそういう考えの持ち主であることは、すでに述べたとおりである。

次の「地の利」とは、山・海・岩・石・池・沼・川、このような自然の地形をうまく活用しなさい、ということである。エピソードでは、川の流れを熟知した老翁の提案で、水勢の弱い遠浅の地に杭を打ち、葭と柳を植えたところが洲となることで、洪水を防ぐことに成功した。

ただし、治水に数年もの時間がかかるのは何を意味するのだろう。江戸時代の土木技術では、堅固な堤防をつくって、すぐに川の流れをコントロールするようなことはできない。だからこそ、少しでも水流を抑えるために、「地の利」を考えなければならないということだ。

そうはいっても、江戸時代では独自の土木技術が発達したではないか、そんな反論もあろう。そこで享保の改革で活躍した地方巧者、井沢弥惣兵衛に注目したい。土木や算術に長じていた弥惣兵衛は、治水技術で成果をあげたことで知られている。江戸初期の関東流では水の流れを蛇行させることで洪水を防いでいたが、弥惣兵衛は紀州流を採用して、蛇行した流れを直線に戻すことで新田開発を進めたという見解が主流であった。ところが、両技術に差はなく、紀州流に関していえば、そのような技法でおこなわれた事業はないとみられている。[*22]

しかも、弥惣兵衛自身が携わった関東平野では、せっかく開発した新田が原状に復した例も多い。下総国の手賀沼《てがぬま》（千葉県北部）の場合、享保十四年（一七二九）に沼の半分を排水して新田を開いたが、わずか九年後には川が氾濫して堤が決壊、せっかくの開発も徒労に終わっている。[*23]

土木技術のレベル

享保の改革では新田開発の積極策が試みられたが、それでも耕地があまり広がらなかったことは、前章で述べたとおりである。さらに土木技術の観点からもみてみたい。

二月の客土が描かれた図3－3の用水路では、シラサギが羽を休めている背後に蛇籠が並んでいた。護岸工事のために蛇籠をおくことで、川の流れがコントロールされているように見えるが、はたしてそうか。丘隅は、蛇籠の問題点をこう指摘する。

蛇籠・石わく（枠）・川籠等を以、石ニて筑（築）留ルなと（等）、一年とも持こらゆるハ稀なり[*24]

蛇籠・石枠・川籠などをもって、石を築いて留《とど》めようとしても、一年も持ちこたえるのは稀である、と。

石枠・川籠も、蛇籠と同じように堤防を守るために置かれていた。丘隅は、これらの材料には石が使われているので、一年を持ちこたえることは難しいと、その技術的限界を指摘する。強度の高い鋼《はがね》やコンクリートとは違い、石だと軽いので水に流されてしまいやすく、増水すればひとたまりもなかった。川の流れを制御しようにも洪水には逆らえない。したがって、江戸時代の土木技術は水流に対しては受け身でしかなかったのである。[*25]

丘隅の語る「天の時」「地の利」「人の和」のうち、残された「人の和」とは何なのか。又三郎であればヒトが協力しあうという意味であったが、丘隅の場合はニュアンスが少し違う。これについては、二人の治水観を整理したうえで説明したい。彼らの考える「天の時」「地の利」「人の和」の関係は、次のように異なっていた。

開発期（土屋又三郎タイプ）＝「人の和」＞「地の利」＞「天の時」

停滞期（田中丘隅タイプ）＝「天の時」＋「地の利」＋「人の和」

又三郎の治水観は、新田開発の三段階にもとづいているといえよう。まず雨水に頼って水田をつくる「天の時」段階、次が用水路を引いて水田を拓く「地の利」段階、やがて河川流域の平野部に水田が一面に広がるものの、水害の危険性を覚悟しなければならない「人の和」段階、この三つである。だから、このような順位になっているのであり、「人の和」を優位においているところに、膨大なエネルギーを投入して大地を切り拓いている、開発期のヒトの力強さも感じられよう。

一方、丘隅の場合は、「天の時」「地の利」「人の和」の三つをあわせないと、水害を抑えられないという意見を持つ。開発期の次の停滞期は、又三郎の治水観でいえば、すでに「人の和」段階に到達している。平野部に水田が広がったものの、肥料の調達が難しいために、その水田を維持するだけで精一杯なのに、さらに水害という深刻な課題も抱え込んだ。ヒトが協力しあうだけではどうにもならないこともある、だから再び「天の時」「地の利」に頼るしかなかったのだろう。

つまり、丘隅のいう「人の和」とは、「天の時」「地の利」をよく理解し、そのうえでヒトを選んで力をあわせなさいということだ。協力するヒトの質が問われているといってもよい。そのヒトは、工事を落札した悪徳商人など、もってのほかのこと。エピソードの老翁のように、その土地の知恵者を探さなければならず、村長や村人たちのように私欲のない者も用いなければならない。ということで、先のエピソードは、丘隅が述べるように「天の時」「地の利」に「人の和」

が加わった、三位一体の普請なのであった。

三　水のリスクと資材の問題

洪水期から水害期へ

又三郎と丘隅の治水論の違いについてみれば、用水そのものの見方がまったく違っていた。又三郎の場合は米のように水は大切に扱うべきもの、丘隅の場合は国家安全に影響を及ぼすものとして認識されていた。前者は肯定的に、後者は否定的にみている。同じ水なのに、これほどまで認識に差があるのはなぜか。

この問題を解くためのポイントとなるのが、「洪水」と「水害」との意味の違いである。「洪水」とは河川に普段の何十倍から何百倍もの「水が流れる」自然的現象のこと、「水害」とは洪水が発生した時、それによって「人の営み」がこうむる損害のことをさす。たとえば、ただ、水が溢れただけであれば「洪水」でしかない。しかし、溢れ出た水で家屋が流されれば「水害」となる。川の水が溢れたという現象も、人的被害の有無によって、「洪水」と「水害」とに区分できるのだ[*26]。

又三郎と丘隅の治水論から、開発期と停滞期におかれていた状況を整理してみよう。開発期には河川から用水路を設け、あるいはため池を造って、そこから田んぼに水を引くことで、耕地が広がっていった。水便のよい河川流域に暮らさないのは、川が氾濫する危険があったからである。したがって、川の水が溢れても、ヒトへ与える危害は少なかった。

一方、耕地の開発がピークに達していた停滞期には、河川の流域にまで耕地が広がり、百姓はそこに居を構えた。ということは、川の水が溢れた場合、まさに決河《けっか》の勢いで人家や田畠は呑み込まれ、被害も大きくなる。さきに又三郎は里よりも川端に居住することの危険性を述べていたが、実は、こういう現状について警鐘を鳴らしていたのである。

すなわち、同じ川の氾濫という現象も、開発期と停滞期とでは、このように違いが図式化される。

開発期（土屋又三郎の治水論）＝洪水期
停滞期（田中丘隅の治水論）＝水害期

新田開発によって、耕地が広がった十八世紀前半から、村社会は洪水ではなく、水害に悩まされる時代に突入したわけだ。これまで述べてきたことをふまえて、水害のおもな特徴を三つ洗い出してみよう。

① 水害がビジネス・チャンスをもたらした。

②　水害は国家レベルで対処される課題となった。
③　水害を防ぐ建造物そのものが危険を孕んでいた。
まず①について。開発期には領主と村とが協力して普請がおこなわれていたが、停滞期には商人が入札して工事に参入していた。水害がビジネス・チャンスとなっていたわけである。このような入札制度は、幕府でみれば元禄―享保期（一六八八―一七三六）には、ほぼその形式が整っていたとみられている。[*27]
次に②について。停滞期には治水は国家レベルの課題となっていたが、それに対処するために、幕府は諸藩を動員して土木工事をおこなうこともあった。一つの村、あるいは一人の領主では解決できないほど、水害の危険性は広がっていたのである。

土木工事の構造的な欠陥

①②は、史料に書かれているとはいえ、ひょっとしたら、老農の思い込みかもしれない。そこで、ある手伝普請の例をあげたい。[*28]
宝永元年（一七〇四）七月、利根川《とね》が増水して堤が決壊し、下総国古河《こが》（現茨城県古河市）より江戸の東側まで浸水し、多数の溺死者《できし》を出した。そこで幕府は、出羽《でわ》秋田藩・土佐《とさ》高知藩・出雲広瀬藩《いずもひろせ》、そして肥後人吉藩に手伝普請を命じた。幕府は、金額を約九万両と見積もり、石高

一万石につき金二千両の出費と計算し、四十五万石にほぼ相当する四つの藩に資金を出すように命じたわけである。したがって、この手伝普請にあたっては、藩は出資者で、見積もられた資金で工事を請け負うための入札がおこなわれることになった。

年末になり、新年に入って間もなく入札がおこなわれることなどが告示された。たまたま江戸に来ていた下総国香取《かとり》郡佐原《さわら》村（現千葉県香取市）の百姓・三郎左衛門は、地元での普請があることを知り、入札に参加することを決める。入札がおこなわれる場所は、勘定奉行・荻原重秀《おぎわらしげひで》（一六五八―一七一三）の屋敷であった。彼は、綱吉に貨幣の改鋳《かいちゅう》を上申するなど、幕府の財務を担当していた人物でもある。入札日には、彼の屋敷に入りきれない応募者が、外の通りにまでごった返していた。風聞によれば、二万人もの人が集まっていたという。

開札の結果、三郎左衛門は、なんとか落札に成功した。同じ工区には、本人も含めて五人の落札者がいた。ところが、三郎左衛門以外は、現場からはるかに離れた、江戸の町人と武蔵国の百姓だった。地元であり、しかも作業を工夫した三郎左衛門は、ほかの落札者と比べて早く工事を終わらせた。そのため、閏《うるう》四月、勘定奉行の荻原から賛辞を賜ることに。しかし、このような普請は請け負ってはいけない、と子孫に書き残していた。この発言の裏には、三郎左衛門が、かなりの赤字を出したからではないかと推察されている。彼の内心からは、水害ビジネスの危うさが匂ってくる。

続けて③について。土木工事は、水害を防ぐためにおこなわれるもの。その建造物が危険を孕んでいたとは、どういうことか。田中丘隅は、工事の構造的な欠陥を見抜いていた。慧眼《けいがん》というほかない。

圦・橋・樋の類、……檜・栂・ひばの類の土ニつよき《（強）》上木ハ注文には出なから《（が）》、松・樅・とうひ《（唐檜）》なと《（等）》の下木の、而《（しか）》モ材木川岸《ケシ》ニ幾代を経て、世上ニ売買なき類の悪木、半ハ《（ば）》朽腐りたるを以、拵立ニより、古しへ《（え）》三十年こらへ《（え）》しハ、今五年もこらへ《（え）》す《（ず）》して、跡より破損に及[*29]

圦《いり》・橋・樋《とい》の類、……檜《ひのき》・栂《つが》・ヒバの類の、土に強い上木は注文には出されてはいる。ところが、松・樅《もみ》・唐檜《とうひ》などの下木の、しかも川岸に長年にわたって置かれ、世間で売買もされない悪木の、なかば朽ち腐った材木を使って作り上げている。そのため、往古は三十年も持ちこたえていたのに、今は五年も耐えられず、足元より破損する、と。

田に水を引き込むための水門・樋、あるいは橋などの木造建築物は、古くは三十年も持ちこたえていたのに、今は五年ももたないというのだ。原因は、良質の資材が不足しているからだ。かつては、ヒノキ・ツガ・ヒバなどの上木をおしげもなく使っていたので、品によっては耐久年数が四十年から五十年に及ぶこともあった。しかし近年は材木が払底し、値段が二倍から三倍にも高騰、マツ・モミなどの下木の、しかも朽ちたような悪木を使わざるを得ないからだと、丘隅は本質をついた発言をする。

土木工事に用いるのは木材で、耐久年数も短い。ということは、いくら立派な工事をおこなったとしても、歳月とともに腐っていく。これでは川が増水した時、建造物が水圧に耐えきれずに壊れてしまう。図6－1で示した犀川大橋も、江戸時代をつうじて何度も壊れ、そして架橋が繰り返された。

資材不足の深刻化

木造建築物の資材の調達が、いかに困難だったのか。今日の東京都東部を流れる隅田川《すみだ》に架かっていた両国橋《りょうごくばし》の例をあげたい。

江戸時代は木製の橋で、江戸の名所としても有名である。たとえば、江戸後期の浮世絵師・歌《うた》川広重《がわひろしげ》（一七九七－一八五八）の風景画『名所江戸百景』の一枚、暗闇《くらやみ》に打ちあがった花火を群衆が見物している「両国花火」はよく知られていよう。両国橋は、万治二年（一六五九）に仮橋が架けられ、それから二年後の寛文元年（一六六一）に完成した。ところが、隅田川の洪水などのため、両国橋は壊れることが度々あり、修復あるいは架橋の工事が繰り返された。[*30] 表6－2には、初架橋から二十年前後の頃の関連年表を示している。

たとえば、延宝八年（一六八〇）には、大風雨によって両国橋は破損している。往来がストップしたことから、橋の架け直しがおこなわれることになった。しかしながら、翌年には工事が遅

表6-2　両国橋修復と人吉藩の動向

年　代		両国橋の動向	人吉藩の動向
延宝4年(1676)	7月4日	風雨。関東洪水。	
延宝5年(1677)	8月6日	大風雨。木挽町・芝あたり、所々高潮。	
延宝6年(1678)	12月22日		幕府から人吉藩に、材木などを伐り出すため、江戸町人の太田屋与六郎が椎葉山に入山することが伝達される。
延宝7年(1679)	夏	大雨。大川（隅田川）筋、そのほか出水。	
	11月29日	仮橋工事の請負入札の触れが出される。	
延宝8年(1680)	閏8月6日	大風雨。深川などで海水が上がり、家を壊し、人が溺れる。両国橋を損じ、往来が止まる。	
	閏8月11日	架橋のための奉行として、船越為景・松平忠勝が任命される。	
	10月25日	架け直し1式、仮橋の1式などの請負入札の触れが出される。	
	11月2日		幕府から人吉藩に、太田屋与六郎が伐り出した材木などが不足していたことなどの理由から、彼に牢舎を命じたことが伝達される。山内に残されている立木数などの調査も命じる。
天和元年(1681)	10月30日	普請工事の遅滞により、奉行は閉門。	
	11月22日	上野沼田藩主・真田信利が、橋材の伐り出し遅延などの理由で出羽山形に配流される。	
	12月19日		大坂備前屋ら9名が太田屋の後任として請け負うことになったことが、人吉藩に伝達される。
	この年	両国橋の架け替え。新たな仮橋も架けられる。	
天和2年(1682)	8月		搬出された材木が、大船11艘に載せられて、江戸に到着する。

近世史料研究会編『江戸町触集成』第1巻（塙書房、1994年）、黒板勝美・国史大系編修会編『新訂増補国史大系　徳川実紀』第5編（吉川弘文館、1976年）、斎藤月岑『増訂武江年表1(全2巻)』（平凡社、1968年）、東京大学史料編纂所編『大日本古文書　家わけ第5ノ2　相良家文書之2』（東京大学出版会、1918年）、相良村誌編纂委員会編『歴代嗣誠独集覧　相良村誌資料編2』（相良村、1995年）により作成

延していることにより、それを担当した幕府の奉行は閉門(謹慎)が命じられた。さらに資材搬出の遅延などを理由に、上野沼田藩(現群馬県)の藩主・真田信利(一六三五―八八)は改易となり、出羽国山形(現山形県)へ流刑に処されている。けれども、資材の調達が困難だったのは、搬出することに遅れが生じているという意味においてではない。

両国橋が破損する二年前にも、江戸町人の太田屋が材木調達を落札している。おそらく、これは橋の修理を目的としたものであろう。そのために太田屋が入山したのは、江戸からはるか彼方の、九州の奥深い山間に位置する日向《ひゅうが》国椎葉《しいば》山（現宮崎県椎葉村）であった。ここは幕領ではあるものの、実質的な管理は、隣接する肥後人吉藩に委ねられていた。

幕府から人吉藩には、幕府の直轄林から太田屋が材木を伐り出すことが伝えられた。ところが、太田屋は伐採した木を放置し、納品できずに牢舎《ろうしゃ》されることに。牢舎とは、牢屋に入れられることをさす。彼に代わって調達を請け負ったのは、大坂備前屋ら九名で、搬出された材木が江戸に届いたのは、入札から三年以上もの月日が経った、天和二年（一六八二）のことであった。

九州の奥山から材木を調達しなければならないほど、資材不足は深刻だったのである。これ以降、椎葉山では、商人による材木調達の請負事業は続くものの、享保改革期（一七一六―四五）をピークにして、用材不足から、その規模は縮小していく。[*31]

水田リスク社会

橋の次には、洪水を防ぐ目的の堤普請について、越中国（現富山県）を流れる庄《しょう》川の例をあげてみよう。表6－1によれば、飛騨国高山《たかやま》（現岐阜県高山市）から北海（日本海）へ注ぐ、延長四十里ほどの大河である。多くの急流を抱えているため、ほとんど毎年一回は洪水が起こった。容赦なく村を襲う水害を防ぐべく、大量の蛇籠を必要とした。[*32]

そのためには、より強度のある資材を用意しなければならない。それはねそであった。ねそとは、粘り気の強い木のことだが、ここではマンサクという名の木が用いられていた。たとえば、五箇山の合掌造り集落では、マンサクの木をねじると、強靭で緩まないので、骨組みを束ねるために使用されている。なぜ入手しやすい竹を蛇籠で使用しなかったのかといえば、日本在来のマダケでは、細すぎて強度が低かったからである。

この状況に転機が訪れた。十八世紀前半に、中国（清）から薩摩《さつま》藩にモウソウチクが伝来したからだ。[*33] これ以降、丈夫なモウソウチクが国内に普及し、庄川では、寛政期（一七八九－一八〇一）ごろから使われるようになった。ところが、越中国だけでは不足したため、同じ加賀藩の領内の能登国から入手するようになり、天保（一八三〇－四四）末期からは、遠く長門《ながと》国（山口県）から移入されることになったという。

江戸時代の土木技術では、堤などの建造物を築いても、水害を防ぐどころか、それをメンテナンスするだけでも一筋縄ではいかなかった。スクラップ・アンド・ビルドを繰り返し、建造物を維持するためのコストものしかかる。これが土木工事の構図だった。

以上をふまえれば、治水の危険性は、次のように図式化されよう。

開発期＝洪水期＝天災型危険

停滞期＝水害期＝人為型危険

天災型危険とは、ヒトが自然から一方的に受ける危害である。火山の噴火や地震・津波も、このタイプに含まれる。これは江戸時代に限らず、どの時代でも起こりうる。

一方、人為型危険とは、ヒトの行為が生じさせた危害である。水害は、ヒトが堤などの建築物を造ったがゆえに、それが決壊して生じた危険といえる。しかも、江戸時代の水害は、一つの村や一人の領主では解決できないこともあり、そういう場合は幕府が諸藩を動員するなど国家レベルで対策を講じざるを得なかった。それどころか、土木技術の限界から、万全の備えなどできなかった。社会全体が、いつ起こるかわからない水害という人為型危険にさらされ、それへの対応を余儀なくされていたわけである。

新田開発にともなう人為型危険は、水害だけではない。前章を思い出してほしい。水田稲作を営むためには肥料がいる。その肥料となる草を得るため、野山が人為的に草山に改造されたことが原因となって、土砂の流出が引き起こされた。[*34] 土砂が流れ落ちると堤を破壊し、田畠を荒廃させるので、結果的に人びとの暮らしに損害を与えた。新田開発と、それにともなう草山の造成は、このような危険性を孕んでいたといえよう。

江戸前期の十七世紀には新田開発が進み、平野部には水田が広がった。これにともない水と草とを確保する必要から、十八世紀前半以降の村社会は、水害あるいは土砂流出などの人為型危険にさらされ、社会はこの難問への対応を余儀なくされる結果となった。この人為型危険を〝リスク〟と表現すれば、すなわち新田開発は江戸時代の日本を「水田リスク社会」に巻き込んだのである。[*35]

註

＊1　『加越能山川記』は、のちの元文元年（一七三六）に、大沢君山によって『重修加越能大路水経』として編集された（『重修加越能大路水経』、石川県図書館協会、一九三一年）。

＊2　『日本農書全集　第4巻』（農山漁村文化協会、一九八〇年）一八七－一八八頁。

＊3　前掲『日本農書全集　第4巻』一九二頁。

＊4　前掲『日本農書全集　第4巻』一九一頁。

＊5　前掲『日本農書全集　第4巻』二四五頁。

＊6　西節子「加賀藩の用水管理制度」（『日本海文化』第二号、一九七五年）。

＊7　村上直『江戸幕府の代官群像』（同成社、一九九七年）。

＊8　田中休愚『新訂　民間省要』（有隣堂、一九九六年）九三頁。

＊9　前掲『新訂　民間省要』四一〇頁。

＊10　前掲『新訂　民間省要』七七頁。

＊11　竹内誠『大系日本の歴史10　江戸と大坂』（小学館、一九八九年）。

＊12　前掲『新訂　民間省要』八六頁。

＊13　前掲『新訂　民間省要』八六頁。

＊14　関口康弘「田中休愚による酒匂川大口土手締め切り後の諸相」（小田原近世史研究会編『交流の社会史』、岩田書院、二〇〇五年）。

＊15　前掲「田中休愚による酒匂川大口土手締め切り後の諸相」。

＊16　岩橋清美「近世後期における儀礼の変容と地域」（『市史研究あしがら』第八号、一九九六年）。

＊17　前掲「田中休愚による酒匂川大口土手締め切り後の諸相」。

＊18　前掲『日本農書全集　第4巻』一九一頁。

＊19　徳永光俊「江戸農書にみる雑穀」（木村茂光編『【もの】から見る日本史　雑穀』、青木書店、二〇〇三年）。
＊20　前掲『新訂　民間省要』四一一頁。
＊21　前掲『新訂　民間省要』四一五―四二一頁。
＊22　斎藤洋一「近世用水技術史（Ⅲ）・（Ⅳ）」（『歴史と地理』第三百六十七号・第三百七十号、一九八六年）。
＊23　橋本直子「開発の地域史」（西村圭子先生追悼論集編集委員会編『日本近世国家の諸相Ⅱ』、東京堂出版、二〇〇二年）。
＊24　前掲『新訂　民間省要』四一四頁。
＊25　大熊孝責任編集『叢書近代日本の技術と社会4　川を制した近代技術』（平凡社、一九九四年）。
＊26　大熊孝『増補　洪水と治水の河川史』（平凡社ライブラリー、二〇〇七年）。
＊27　戸沢行夫『江戸の入札事情』（塙書房、二〇〇九年）。
＊28　宝永元年の手伝普請の経緯については、大谷貞夫『江戸幕府治水政策史の研究』（雄山閣出版、一九九六年）を参照されたい。
＊29　前掲『新訂　民間省要』七七―七八頁。
＊30　前掲『江戸の入札事情』。
＊31　拙稿「享保改革期における幕府の林政と椎葉山」（『九州史学』第百二十八号、二〇〇一年）。
＊32　庄川の堤普請については、佐伯安一『近世砺波平野の開発と散村の展開』（桂書房、二〇〇七年）を参照されたい。
＊33　室井綽『竹』（法政大学出版局、一九七三年）。
＊34　水本邦彦『草山の語る近世』（山川出版社、二〇〇三年）・同著『全集日本の歴史　第10巻　徳川の国

家デザイン』（小学館、二〇〇八年）・同著『徳川社会論の視座』（敬文舎、二〇一三年）など。

*35 「リスク」や「リスク社会」については、ウルリヒ・ベック『危険社会』（法政大学出版局、一九九八年）から多くの示唆を得た。

終章
水田リスクのその後と本書の総括

稲の品種改良と藁の廃棄物化

新田開発によって、江戸時代の日本は〝水田リスク〟に巻き込まれていった。その後はどうなったのか。稲・肥料・虫・家畜そして治水の順にしたがって駆け足で追い、本書の総括を述べたい。

まずは稲について。[*1] 米の品種についてみると、明治（一八六八―一九一二）に入って、一九〇〇年代には稲の交配育種が始まった。病気に強い、倒れにくいなどの性質を目標にして研究され、有望品種は各府県の農事試験場に配布され、農家でも栽培されるようになった。それでも大きな効果をあげたのは、在来種から遺伝的変異を示さない優良品種を選ぶ方式であったというから、江戸時代の百姓が蒔いた種が近代育種の源流となったわけである。昭和（一九二六―

八九）に入ると、遺伝的素質の新しい組み合わせをつくる交配育種法が進められ、この方法が主流として受け継がれていった。

現在では、自然災害にも強い、おいしいブランド米が各地でつくられ、かつては栽培が難しかった寒冷地の北海道にまで生産地が広がっている。二〇一三年度の日本の食料自給率は、カロリーベースでは三十九パーセントしかない。そのなかで米の自給率は九十六パーセントも保っている。

しかし、藁・糠・籾はどうだろう。かつての、こんな試算がある。日本における稲の作付面積を三百万ヘクタール、藁の総生産量を一千万トンと仮定してみると、その藁で太さ十ミリメートルの縄を綯えば、どれくらいの長さになるのか。驚くべきことに、地球と月との間を、三十六往復ほどもできる長さになるという。*2 厳密にいえば二〇一三年度の作付延べ面積は二百二十八万ヘクタールなので、これだと約二十七往復分にあたる。それほどの大量の藁が毎年のように産出されているにもかかわらず、有効活用されるどころか、処分するのに困っているのが現状といえる。藁塚の連なる光景をなかなか見ることができないのは、藁の使い途がないからだろう。糠・籾も用途が少ないのかもしれない。これらは、使い途のない産物と化したのだ。

もちろん、藁の一部は飼料として立派に利用されている、という鋭い指摘もあろう。ここで二〇一一年に発生した東日本大震災を思い出してほしい。東京電力福島第一原子力発電所の事故にともない、飛散した放射性物質が地上に降り注ぎ、汚染された藁が全国各地へ流通し、そして家畜の餌となっていたことが明らかになった。毎年、私たちがおいしいお米を食べ、しかも米の自給率が高いがゆえに、大量に廃棄されてしまう藁をどうすればよいのか。これは依然として課題のまま残されていよう。

肥料・虫・家畜そして治水

続けて、肥料・虫・家畜・治水について。いわゆる「鎖国」という箍《たが》が外れた明治になると、西洋科学が導入され、それに関連した技術も発達していく。やがて水田を中心にした渦は、村社会・国内をさらに超え、地球レベルの資源をも巻き込むことになる。

まず肥料について。[*3] 明治十年（一八七七）に開校した駒場農学校《こまばのうがっこう》（東京大学農学部の前身）では、ドイツ人教師ケルネル（一八五一―一九一一）らが水田を用いた肥料試験をおこなった。こうして稲作の生産力を飛躍的に高める肥料の原料として燐酸《りんさん》が明らかにされ、明治二、三十年代からは過燐酸石灰《せっかい》や硫安《りゅうあん》などの化学肥料の製造も始まった。化学肥料が拡大していく半面、従来からの草肥や下肥などの自給肥料が果たす役割は、しだいに小さくなっていった。現在では、化学肥料の原料となる石油・天然ガス・リン鉱石などは、そのすべてが輸入されているという。

虫害について。[*4] 注油駆除法は明治以降も続くものの、その油は江戸時代であれば国内で手に入る鯨油などを用いていたが、輸入品の石油にとってかわられてしまう。さらに江戸時代には「害虫」という認識がなかったことも見逃せない。事実として、本書の主人公・土屋又三郎は「悪虫」と表現している。ヒトは虫害に悩まされたにもかかわらず、虫そのものを水田から根絶させることまでは考えてはいなかった。明治に入っても、虫害は天災として起こるものと信じられていた。そこで明治三十年代以降、「害虫駆除唱歌」などの教育唱歌が制定されるなど、水田から「害虫」を排除するように農民は啓蒙《けいもう》されていった。

しかし、その「害虫」が根絶されていくのは、戦争の影響が大きい。とりわけアジア・太平洋戦争（一九四一―四五）でマラリアなどの病気が発生した結果、アメリカは殺虫剤ＤＤＴを大量に生産・使用した。こうして戦後の日本でも、農薬を使って「害虫」を殺すようになり、水田から生き物の姿がしだいに消えていくことになった。その後景で見え隠れするのは、水田をめぐる生態系の破壊である。

家畜について。*5 ここでは又三郎が、ヒトに次ぐ働きをすると評したウマに注目したい。明治以降、近代軍隊が創設されたことを機に、体格の大きい欧米馬が軍馬として導入された。富国強兵をめざす軍としては、急速に軍事力を高めるために、農家で欧米馬を繁殖させ、供給してもらいたい。一方、小規模経営の多い農家にしてみれば、農業に適した旧来からの小型馬でちょうどいい。そういう矛盾を抱えたままウマの大型化が進められ、アジア・太平洋戦争に至るまで、戦時には農家からウマが動員された。現在では、農耕用として飼われる家畜は減り、それに代わる動力としてトラクターなどの農業機械が利用されている。その動力源が石油であることはいうまでもない。

農薬の原料としても石油は使われているので、化学肥料・農薬・農業機械を製造したり、あるいは使用したりするにあたっては、限りある地球の資源に大きく依存していることになる。もしこれらが枯渇してしまえば、どうやって美田を守り続けるというのだろう。

最後に治水について。[*6]明治政府が強力に治水政策を推し進め、水の流れを自由にコントロールできるような近代技術が導入されたこともあり、今日まで河川の整備は着実に進んでいる。川幅が広がり、堤防は鋼やコンクリートで固められ、それまで河川流域で水害に悩まされた住民も、あまり心配をせずに暮らせるようになった。しかも、水害軽減のために建設されたダムの水は、農業用だけではなく、水道用・工業用・発電用としても利用されている。

本書の問題提起への答え

本書では、一見「エコ」で循環型のように思われがちな、江戸時代の水田をめぐる農業生産について、それが本当に持続可能なものであったのかを問うてきた。そこから浮かび上がってきたのは、新田開発という〝列島大改造〟の、表層と深層という二つの側面であった。

十七世紀の新田開発によって、耕地面積だけではなく人口も増え、社会は経済成長を成し遂げた。コメを中心とした社会が成り立ち、その副次的な作用として豊かな生物相も形づくられた。

米の副産物である藁・糠・籾も資源として社会に流通していたことから、表層では持続可能な社会であったようにみえよう。

しかし、深層ではそういう社会づくりは実現できていなかった。村社会のなかで、百姓は毎年、田んぼさえ耕しておけば気楽に生きてゆけたというわけではなかったのである。自給できる肥料では足りなかったので、水田の持続可能性は危ういものであった。金肥を施せば農業生産を維持できたが、金肥をつくるために国内の山や海の資源まで投じられていた。それどころか、江戸中期からは水害や土砂流失の危険にさらされ、水田リスク社会という新たな難問に巻き込まれていたのである。

すなわち、水田にささえられた江戸時代の社会は、その根底において持続可能ではなかったのである。この根底が顕《あらわ》になっていく、その転換点が、新田開発がピークに達した十八世紀前半の日本に訪れていたということはできるだろうか。その是非は、ここまで本書を読んでこられた読者の判断に委ねたい。

さて、そうはいっても、江戸時代の百姓たちに降りかかった災難について、あまり現実味を感じられない方が多いかもしれない。なぜなら、江戸の老農たちが解決できなかった難問は、結果的に現在ではクリアされているからである。今の高度な土木技術と比べると、川を制することができなかった江戸時代の治水技術のレベルはかなり低いし、「天の時」「地の利」「人の和」という思想に頼らざるをえない状況下にもおかれていた。なんとなく安全な場所から遠い昔をみているような気にもなろう。

しかし、本当に解決されたといえるのか。温室効果ガスに起因する気候変動しだいでは、今後は大水害や土砂災害の頻度が増すとの予測もある。*7 それどころか、様々なリスクに現代社会が巻き込まれていることに、私たちは気づき、目撃もしている。それらのなかには、根本的な解決を、次世代どころか、はるか遠い未来に託そうとしていることもあるだろう。

本書でとりあげた土屋又三郎や田中丘隅の時代から現在までは約三百年、今そこにあるリスクは、これから三百年先には無事に解決されているのか。もし、解決されていなければ、江戸の老農たちのことを迷信深かったと笑って退けることができないどころか、むしろ社会を悪化させているとして、これから先の世代に申し開きが立たない。

又三郎は、今日という日は二度と来ないと思い、寸暇《すんか》を惜しんで働くべきだと説く。そうしなければ知らないうちに田畠は荒れ、災いもいよいよ増し、飢え凍《こご》える心配にさいなまれ、貧困に苦しむ結果となる。したがって、農業にも戦《いくさ》と同じような心構えがあり、進まなければ勝利は少ないという。前進することによって、より良い暮らしを勝ち取れるというわけだ。

では、又三郎は、そういう暮らしを現世で実現するためなら、後世に付けをまわしてよいと考えていたのか。答えは否である。彼の証言を紹介して、本書の結びとしたい。

然《しか》らば心あらん農民は、必ず後《のち》の憂《うれ》いを思いて、あらかじめ防ぐべし*8

註

＊1　岡光夫・飯沼二郎・堀尾尚志責任編集『叢書近代日本の技術と社会1　稲作の技術と理論』（平凡社、一九九〇年）。
＊2　宮崎清『藁　I』（法政大学出版局、一九八五年）。
＊3　前掲『叢書近代日本の技術と社会1　稲作の技術と理論』。
＊4　前掲『叢書近代日本の技術と社会1　稲作の技術と理論』・瀬戸口明久『害虫の誕生』（ちくま新書、二〇〇九年）。
＊5　大瀧真俊『軍馬と農民』（京都大学学術出版会、二〇一三年）。
＊6　大熊孝『増補　洪水と治水の河川史』（平凡社ライブラリー、二〇〇七年）。
＊7　高橋裕『川と国土の危機』（岩波新書、二〇一二年）。
＊8　『日本農書全集　第4巻』（農山漁村文化協会、一九八〇年）二四二頁。原文は「然ハ心あらん農民ハ、必後のうれへを思ひて予め防くへし」であり、これを読み下し文にして表記している。

初出一覧

本書は、以下の既発表論文をもとにしながら、新しく書き下ろしたものである。

「近世の水田と生業――水田中心史観の克服を目指して」（『北陸史学』第五十六号、二〇〇七年）
「「農業図絵」の系統性」（『民具マンスリー』第四十一巻第一号、二〇〇八年）
「近世の水田と生態系――金沢平野を事例に」（『琉球大学法文学部人間科学科紀要　人間科学』第二十三号、二〇〇九年）
「近世の百姓と煙草――金沢平野を事例に」（『地理歴史人類学論集』第一号、二〇一〇年）
「近世の百姓と米――金沢平野を事例に」（『地理歴史人類学論集』第二号、二〇一一年）
「享保七年新田高札の歴史的位置」（『琉球大学法文学部人間科学科紀要　人間科学』第二十七号、二〇一二年）
「新田開発と近世型生態系」（水本邦彦編『環境の日本史4　人々の営みと近世の自然』、吉川弘文館、二〇一三年）
「加賀藩の猿引――ウマが結ぶ社会的ネットワーク」（『地理歴史人類学論集』第四号、二〇一三年）
「稲の十七世紀――加賀藩の藁・糠・籾」（『琉球大学法文学部人間科学科紀要　人間科学』第三十二号、二〇一五年）

「近世の村老たちの治水論――洪水・水害と村社会」(『地理歴史人類学論集』第六号、二〇一五年)

史料調査と図版掲載にあたっては、金沢市立玉川図書館近世史料館、西尾市岩瀬文庫、国立国会図書館、加古川流域滝野歴史民俗資料館、加東市穂積区長、金沢市総務局総務課、桜井健太郎氏など、多くの公文書館・図書館・博物館・自治体関係者などからご協力を賜った。ここに記して感謝したい。

あとがき

沖縄を深くとらえるためには、日本がよくみえなければならず、日本がよくみえるためには、沖縄を深くとらえることが必須の前提となると私はおもう。
（安良城盛昭『新・沖縄史論』）

初めて沖縄の地に足を踏み入れてから、瞬《また》く間《たた》に六年以上の歳月が過ぎた。沖縄からは、日本本土がみえやすい。春にはサクラではなくデイゴが、秋にはカエデではなくトックリキワタが華やぐ。本土と沖縄との共通項を差し引く。そうすると、日本らしさ、あるいは沖縄らしさが、それぞれ見えてくるものだと勝手に思い込んでいる。沖縄で暮らして、もっとも日本らしさを感じた風景があった。本書のテーマでもある水田だ。

今の沖縄には、水田はほとんどない。研究をするにあたっては、行きたい時に、すぐにフィールドに足を運びたいが、それができないのだ。研究室からは青い海と空とが一望でき、遠くには残波岬や粟国島・久米島などの島々も見える。一方、普天間基地を離着陸するオスプレイや戦闘機は、轟音《ごうおん》を鳴り響かせて研究室の上空を飛んでいく。そんな光景を眺めながら、自問自答するにあたって追憶の糸をたぐったのは、故郷の熊本県人吉市と球磨《くま》郡の田園風景だった。

東南アジアを旅したことによって、水田＝稲作＝米という固定観念をくつがえすこともできた。とりわけ大河メコンの流域に広がる〝イサーン〟と呼ばれるタイ東北部では、いろんな方々にどれだけ助けてもらい、交流を深めたことか。氷で割ったビールを飲み、蒸されたメコンの大魚をいただくと、フィールドワークの疲れも和らいだ。本書の細部には、故郷と東南アジアで経験したこと、学んだこと、そして考えたことがちりばめられている。

それまで研究してきた山村から、新たに農村にテーマを変更するにあたっては、山育ちということもあって、かなり躊躇《ちゅうちょ》した。それでも研究することを後押ししてくれたのは、本書でも多く掲載した加賀の絵農書『農業図絵』の魅力であった。十年以上も前のこと、かつて高校教員であった頃に、首都圏の先生方と絵画資料を用いた日本史の教材研究に励んでいた。その時に、教科書や副教材に掲載されていた『農業図絵』を〝発見〟した。こうして農書『耕稼春秋』とあわせて、水田をとおして近世社会を描き出すという研究が始まった。

そうはいっても、絵画資料、加賀藩そして近世社会論は、私にとって未知の領域だった。そこに半歩ずつでも踏み込んでいけたのは、いろいろな研究者のアドバイスがあったからだ。絵画資料の研究手法の手解《てほど》きをしてくれた樋口州男先生、加賀藩のことを懇切丁寧に教えてくれた木越隆三先生、久高島《くだか》の見えるカフェなどで近世社会論を語り合った水本邦彦先生から、多くのご教示を賜ったことに感謝したい。

ここ沖縄で暮らすチャンスを与えてくれた同僚の山里純一先生にも、お礼を述べたい。かつて琉球国のあった沖縄にとっては、前近代の日本史は外国史といってよい。この真実を心の奥底から納得できるまでには、数年もの時間を要した。寂しいが、私は今でも、勤務する大学では外国史の教員のつもりでいる。そういう気持ちを、山里先生は三十年以上も、ひとりで背負ってきたことになる。先生と一緒に働ける時間は残り少ないが、これまでどおり二人三脚で、なんとか沖縄で唯一の日本史コースを盛りあげていきたい。

とはいえ、教育の面では、沖縄の中学生・高校生は琉球史ではなく、日本史を必ず学ばなければならない。外国史のような日本史を少しでも身近に感じてもらえるよう、時間さえあれば出前授業に、しかもなるべく離島にでかけている。久米島・宮古《みやこ》島・石垣《いしがき》島・小浜《こはま》島・西表《いりおもて》島そして与那国《よなぐに》島を訪れた際、先生や生徒のみなさんから、むしろ私の方が日本史の楽しさを学ばせていただいたことは、きっと一生忘れない。

そうした取り組みのなかで気づいたことだが、沖縄は歴史教育に大きな歪みを抱えている。おそらく今の教育事情では、それをすぐには解決できない。長い時間をかけて、その難題を一つひとつ乗り越えていくのに必要なのは、ナイチャー（本土出身者）の私ではなく、やはりウチナーンチュ（沖縄出身者）のみなさんの力だと思う。捨て石になるかもしれないが、沖縄にいるかぎり、私は歴史教育のささやかな種蒔《たねま》きをし続けていきたい。

本書のタイトルやテーマを決めてくれたのはＮＨＫブックス編集部である。新入生に読んでもらえるよう、四月に出版することを提案していただいたことには励まされた。というのは、精神的にも、肉体的にも、大変厳しいなかで執筆したからである。昨年十一月に最愛の人が病に倒れ、それからずっと闘病生活が続いている。私も毎日付き添い、新年も病室で迎えた。新入生に読んでもらうという目標がなかったら、途中で執筆をあきらめていたかもしれない。

そういう状況のなかで、なんとか完成させることができた本書を、ひとりでも多くの新入生のみなさんが手にしてくれたなら、こんなにうれしいことはない。そして最愛のあなたにも、さやぐ瀬音のそばの温泉につかり、山々にほんのり色めくサクラやカエデを愛《め》でながら、いつの日か読んでもらいたいと願っている。

二〇一五年一月二十七日　旧暦十二月八日の鬼餅《ウニムチ》の日に厄払いを祈って

武井　弘一

武井弘一（たけい・こういち）
1971年、熊本県生れ。東京学芸大学大学院修士課程修了。専門は日本近世史。現在、琉球大学法文学部准教授。
著書に、『鉄砲を手放さなかった百姓たち』（朝日選書）、寄稿に「新田開発と近世型生態系」（水本邦彦編『人々の営みと近世の自然』吉川弘文館）、「山方の百姓」（後藤雅知編『大地を拓く人びと』吉川弘文館）など。

NHK BOOKS 1230

江戸日本の転換点
水田の激増は何をもたらしたか

2015（平成27）年4月25日　第1刷発行

著　者　**武井弘一**　
発行者　**溝口明秀**
発行所　**NHK出版**
東京都渋谷区宇田川町41-1　郵便番号150-8081
電話 0570-002-246（編集） 0570-000-321（注文）
ホームページ　http://www.nhk-book.co.jp
振替　00110-1-49701
装幀者　**水戸部 功**
印　刷　**三秀舎・近代美術**
製　本　**三森製本所**

Printed in Japan　ISBN978-4-14-091230-0 C1321

NHK BOOKS

＊社会

デザインの20世紀　柏木　博
「希望の島」への改革—分権型社会をつくる—　神野直彦
嗤う日本の「ナショナリズム」　北田暁大
新版　図書館の発見　前川恒雄／石井　敦
リスクのモノサシ—安全・安心生活はありうるか—　中谷内一也
社会学入門—〈多元化する時代〉をどう捉えるか—　稲葉振一郎
ウェブ社会の思想—〈遍在する私〉をどう生きるか—　鈴木謙介
新版　データで読む家族問題　湯沢雍彦／宮本みち子
現代日本の転機—「自由」と「安定」のジレンマ—　高原基彰
メディアスポーツ解体—〈見えない権力〉をあぶり出す—　森田浩之
議論のルール　福澤一吉
「韓流」と「日流」—文化から読み解く日韓新時代—　クォン・ヨンソク
希望論—2010年代の文化と社会—　宇野常寛・濱野智史
ITが守る、ITを守る—天災・人災と情報技術—　坂井修一
団地の空間政治学　原　武史
図説　日本のメディア　藤竹　暁
ウェブ社会のゆくえ—〈多孔化〉した現実のなかで—　鈴木謙介
情報社会の情念—クリエイティブの条件を問う—　黒瀬陽平
未来をつくる権利—社会問題を読み解く6つの講義—　荻上チキ
新東京風景論—箱化する都市、衰退する街—　三浦　展
日本人の行動パターン　ルース・ベネディクト
「就活」と日本社会—平等幻想を超えて—　常見陽平
現代日本人の意識構造［第八版］　NHK放送文化研究所　編

＊地誌・民族・民俗

森林の思考・砂漠の思考　鈴木秀夫
新版　森と人間の文化史　只木良也
森林飽和—国土の変貌を考える—　太田猛彦

NHK BOOKS

＊歴史(Ⅰ)

出雲の古代史　門脇禎二
法隆寺を支えた木　西岡常一／小原二郎
「明治」という国家(上)(下)　司馬遼太郎
「昭和」という国家　司馬遼太郎
日本文明と近代西洋―「鎖国」再考―　川勝平太
百人一首の歴史学　関　幸彦
戦場の精神史―武士道という幻影―　佐伯真一
知られざる日本―山村の語る歴史世界―　白水　智
日本という方法―おもかげ・うつろいの文化―　松岡正剛
高松塚古墳は守れるか―保存科学の挑戦―　毛利和雄
関ケ原前夜―西軍大名たちの戦い―　光成準治
江戸に学ぶ日本のかたち　山本博文
天孫降臨の夢―藤原不比等のプロジェクト―　大山誠一
親鸞再考―僧にあらず、俗にあらず―　松尾剛次
陰陽道の発見　山下克明
女たちの明治維新　鈴木由紀子
山県有朋と明治国家　井上寿一
明治〈美人〉論―メディアは女性をどう変えたか―　佐伯順子
『平家物語』の再誕―創られた国民叙事詩―　大津雄一
歴史をみる眼　堀米庸三
天皇のページェント―近代日本の歴史民族誌から―　T・フジタニ
禹王と日本人―「治水神」がつなぐ東アジア―　王　敏

＊歴史(Ⅱ)

人類がたどってきた道―〝文化の多様化〟の起源を探る―　海部陽介
アメリカ黒人の歴史　ジェームス・M・バーダマン
十字軍という聖戦―キリスト教世界の解放のための戦い―　八塚春児
異端者たちの中世ヨーロッパ　小田内　隆
フランス革命を生きた「テロリスト」―ルカルパンティエの生涯―　遅塚忠躬
文明を変えた植物たち―コロンブスが遺した種子―　酒井伸雄
世界史の中のアラビアンナイト　西尾哲夫
「棲み分け」の世界史―欧米はなぜ覇権を握ったのか―　下田　淳

※在庫品切れの際はご容赦下さい。